Mit Maßeinheiten rechnen lernen

Gesamtband

11. Auflage 2025

© Kohl-Verlag, Kerpen 2008
Alle Rechte vorbehalten.

Inhalt: Birgit Brandenburg & Stefanie Kraus
Umschlagbilder: © abbiesartshop, Krakenimages & Simone Capozzi - AdobeStock.com
Cliparts: © clipart.com
Redaktion: Kohl-Verlag
Grafik & Satz: Kohl-Verlag
Druck: Druckerei Flock, Köln

Bestell-Nr. 19 043

ISBN: 978-3-95686-723-1

Bildquellen adobestock.com:
S. 1: © Africa Studio; S. 5: © Sonulkaster, panadesignteam, ymoiseeva, THANIT; S. 6: © Sumon; S. 13: © lioputra; S. 15: © csiling; S. 16: © rashadaliyev, Jemastock, barks, daw666, B-design, Abdul Qaiyoom; S. 17: © Looojod; S. 18: © MDneamul; S. 19: © Sumon, Good Studio, Furqonionii, sommaria; S. 30: © sunt; S. 36: © Oleksandr Panasovsky; S. 44: © Biggy, 4zevar; S. 66: © Roman; S. 68: © Cansu; S. 71: © ankomando; S. 72: © djvstock; S. 74: © Dickov, Flowal93; S. 77: © Good Studio, rvlsoft, Azizah, Valerii Evlakhov, dimakp, monticellllo, Анна О, Maxi_2015; S. 78, 80, 81: © yusufdemirci; S. 81: © Giselle; S. 98: © azzedine, K Ching Ching; S. 101: © faber14, Golden Sikorka; S. 102: © Oleksandr; S. 103: © grimgram, S. 104: © ValGraphic; S. 105: © Forde, yustus, caryblade, Ade, erick, AAVAA; S. 106: © Jane Be. The Picture, Pixel-Shot; S. 110: © Thisiseiw, Катерина Якубович; S. 111: © ONYXprj, Rudzhan, Igor, Md Rocan Uddin;

Das vorliegende Werk und seine Teile sind urheberrechtlich geschützt. Jede Nutzung in anderen als den gesetzlich zugelassenen Fällen bedarf der vorherigen schriftlichen Einwilligung des Verlages. Hinweis zu § 52a UrhG: Weder das Werk noch seine Teile dürfen ohne eine solche Einwilligung eingescannt und in ein Netzwerk oder das Internet eingestellt werden. Dies gilt auch für Intranets von Schulen und sonstigen Bildungseinrichtungen.

Kontakt: Kohl-Verlag, An der Brennerei 37-45, 50170 Kerpen
Tel: +49 2275 331610, Mail: info@kohlverlag.de

Unsere Lizenzmodelle

Der vorliegende Band ist eine Print-Einzellizenz

Sie wollen unsere Kopiervorlagen auch digital nutzen? Kein Problem – fast das gesamte KOHL-Sortiment ist auch sofort als PDF-Download erhältlich. Wir haben verschiedene Lizenzmodelle zur Auswahl:

	Print-Version	PDF-Einzellizenz	PDF-Schullizenz	Kombipaket Print & PDF-Einzellizenz	Kombipaket Print & PDF-Schullizenz
Unbefristete Nutzung der Materialien	x	x	x	x	x
Vervielfältigung, Weitergabe und Einsatz der Materialien im eigenen Unterricht	x	x	x	x	x
Nutzung der Materialien durch alle Lehrkräfte des Kollegiums an der lizensierten Schule			x		x
Einstellen des Materials im Intranet oder Schulserver der Institution			x		x

Die erweiterten Lizenzmodelle zu diesem Titel sind jederzeit im Online-Shop unter www.kohlverlag.de erhältlich.

Inhalt

Inhalt

Seite

Mit Maßeinheiten rechnen lernen
Mathe ganz praktisch – Bestell-Nr. 19 043
KOHL VERLAG

Vorwort

Liebe Kolleginnen und Kollegen,

Mathematik – ein vielfältiges Thema im Unterricht. Grunderfahrungen gewinnen unsere Schülerinnen und Schüler in den ersten Unterrichtsjahren. Die vielfältigen verschiedenen Formen der Mathematik lassen uns immer wieder staunen. Unsere Kinder lernen schon in den ersten Lebensjahren – unbewusst – die unterschiedlichsten Formen unserer Mathematik kennen.

Als früher noch viele Kinder auf dem elterlichen Bauernhof mitarbeiten mussten, kamen sie täglich mit Maßeinheiten in Berührung. Beim Melken der Kühe mit dem Füllen von Eimern und Kannen, vielleicht bei der Gewinnung von Wein oder Most mit Krügen und Gläsern. Auch Fässer, Wagenladungen usw. sowie die unterschiedlichsten Längenmaße wie Elle und Fuß gehörten zum Lebensalltag.

Das Messen von Breiten, Längen, Höhen und Tiefen lernen wir im Alltag ständig kennen. Das Kind, das morgens mit dem Fahrrad zur Schule fährt, lernt schnell die Entfernung des Schulweges kennen. Wenn wir mit dem Auto fahren, lesen wir die Entfernungen auf den Richtungsschildern am Straßenrand. Ein beliebtes Spiel der spielenden Kinder ist das Ausmessen der eigenen Wohnung, des Gartens oder des Bürgersteiges vor dem Haus.

Gerade in unserer modernen Gesellschaft nehmen die Bereiche Geld und Zeit einen immer höheren Stellenwert ein. Wenn wir uns die Terminkalender unserer Schülerinnen und Schüler ansehen, wird schnell klar, dass ein Leben ohne genaue Zeitangaben und ein perfektes Zeitmanagement immer weniger bewältigbar scheint. Einen genauso hohen Stellenwert nimmt der Umgang mit Geld in unserer Zeit ein.

Im vorliegenden Band haben wir die wichtigsten Maßeinheiten in anschaulicher und leicht verständlicher Form aufgezeigt. Längen-, Flächen- und Raummaße sowie das Errechnen von Gewichten und die Themen Zeit und Geld werden mit den unterschiedlichsten Aufgaben geübt. Diese Arbeitsblätter können unabhängig voneinander eingesetzt werden. Sie eignen sich auch einfach mal für „zwischendurch" zur Vertiefung und zur Festigung. Wie die einzelnen Arbeitsblätter bearbeitet werden, bleibt Ihnen und der Individualität Ihrer Schüler überlassen. So eignen sich viele Aufgaben auch zur Partner- oder Kleingruppenarbeit.

Viel Freude und viel Erfolg mit den Maßeinheiten wünschen Ihnen der Kohl-Verlag sowie die Autoren

Birgit Brandenburg & Stefanie Kraus

1 Alte Längenmaße

Die ersten Maße waren Körpermaße. Längen wurden mit Teilen des Körpers gemessen. Feststehende Maße oder Hilfsmittel zum Messen wie Lineal, Metermaß oder Zollstock gab es noch nicht.

Aufgabe 1: **a)** *Schreibe den passenden Begriff aus der Wörterliste unter die Bilder.*

b) *Miss deine Längen mit einem Maßband und trage sie ein.*

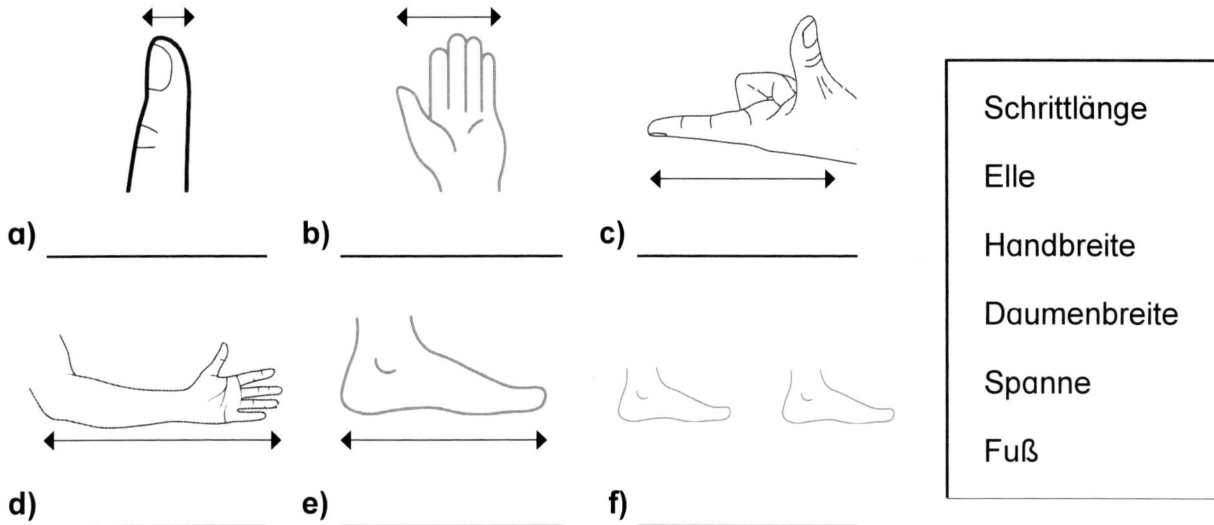

Aufgabe 2: *Ein Acker sollte an mehrere Bauern verteilt werden. Jeder sollte ein Feld von 250 Schritten Länge und 250 Schritten Breite bekommen. Jeder Bauer maß sein Feld mit seiner Schrittlänge ab. Hinterher gab es lange Gesichter. Warum?*

____

____

Aufgabe 3: *Miss die Gegenstände mit deinen Körpermaßen aus. Rechne dann in cm oder m um. Finde selbst Gegenstände, die du messen kannst.*

Gegenstand	Länge Körpermaß	Länge in cm oder m	Gegenstand	Länge Körpermaß	Länge in cm oder m
Tischlänge			Tischhöhe		
Heftbreite			Breite der Tür		
Raumlänge			Länge des Buches		
Raumbreite			...		
Bleistiftlänge			...		
Länge der Tafel			...		
Fensterbreite			...		

Vergleiche deine Angaben mit denen deiner Mitschüler.

KOHL VERLAG Mit Maßeinheiten rechnen lernen
Mathe ganz praktisch – Bestell-Nr. 19 043

2 Umrechnungsraster Längenmaße

Aufgabe 1: *Schneide die Umrechnungshilfe aus und benutze sie als Hilfe.*

1 km = 1000 m

1 m = 10 dm = 100 cm = 1000 mm

1 dm = 10 cm = 100 mm

1 cm = 10 mm

→

	· 10	· 10	· 10	· 10	· 10	· 10
km	——	——	m	dm	cm	mm
	: 10	: 10	: 10	: 10	: 10	: 10

←

Aufgabe 2: *Trage die Längenmaße in die Tabelle ein.*

km			m			dm	cm	mm	
H	Z	E	H	Z	E				
									96 dm
									34 cm
									235 mm
									33 km
									8,8 m
									20,1 cm
									2,032 m
									526,2 m
									4,385 km
									0,03 dm
						2	5	7	
		3	0	3	2				
					6	5	4	1	
				3	6	5			
							4	9	
					3	0	0	4	
					5	6	2		
						9	3		
	6	5	4	3	2	1			
						2	2		

Aufgabe 3: *Stimmt die Behauptung? Lies genau Satz für Satz.*

Behauptung: Ein Krokodil ist länger als breit.

- Ein Krokodil ist länger als es grün ist. Es ist oben und unten lang. Es ist aber nur oben grün. Also ist ein Krokodil länger als es grün ist.
- Ein Krokodil ist grüner als es breit ist. Es ist in der Länge und in der Breite grün. Es ist aber nur breit entlang der Breite. Also ist ein Krokodil grüner als breit.

Mit Maßeinheiten rechnen lernen
Mathe ganz praktisch – Bestell-Nr. 19 043
KOHL VERLAG

3 „Verbindmichs“

Aufgabe 1: *Ziehe Verbindungslinien zwischen Aufgabe und Lösung.*

A – BANDOLINO – Lösungen in cm

9 m	90
9 dm	94
9930 mm	990
9 m 3 dm	900
9 dm 4 cm	938
99 dm	993
9 m 38 cm	9300
93 m	930

B – BANDOLINO – Lösungen in cm

6 m 48 cm	64
66 dm	6400
6 dm 4 cm	640
64 m	644
6 m	60
6 m 4 dm	648
6 dm	660
6440 mm	600

C – BANDOLINO – Lösungen in m

51 km 70 m	60 080
5 km 700 m	20 030
60 km 80 m	5007
2 km 210 m	51 070
2 km	5700
20 km 30 m	2210
5 km 7 m	6850
6 km 850 m	2000

D – BANDOLINO – Lösungen in m

8 km	3005
80 km 40 m	5750
8 km 410 m	3500
3 km 5 m	80 040
31 km 50 m	8000
3 km 500 m	50 070
5 km 750 m	8410
50 km 70 m	31 050

KOHL VERLAG Mit Maßeinheiten rechnen lernen
Mathe ganz praktisch – Bestell-Nr. 19 043

4 Hexominos

Aufgabe 1: • *Schneide die Sechsecke aus.*

• *Lege sie so aneinander, dass die anliegenden Längenmaße den gleichen Wert haben.*

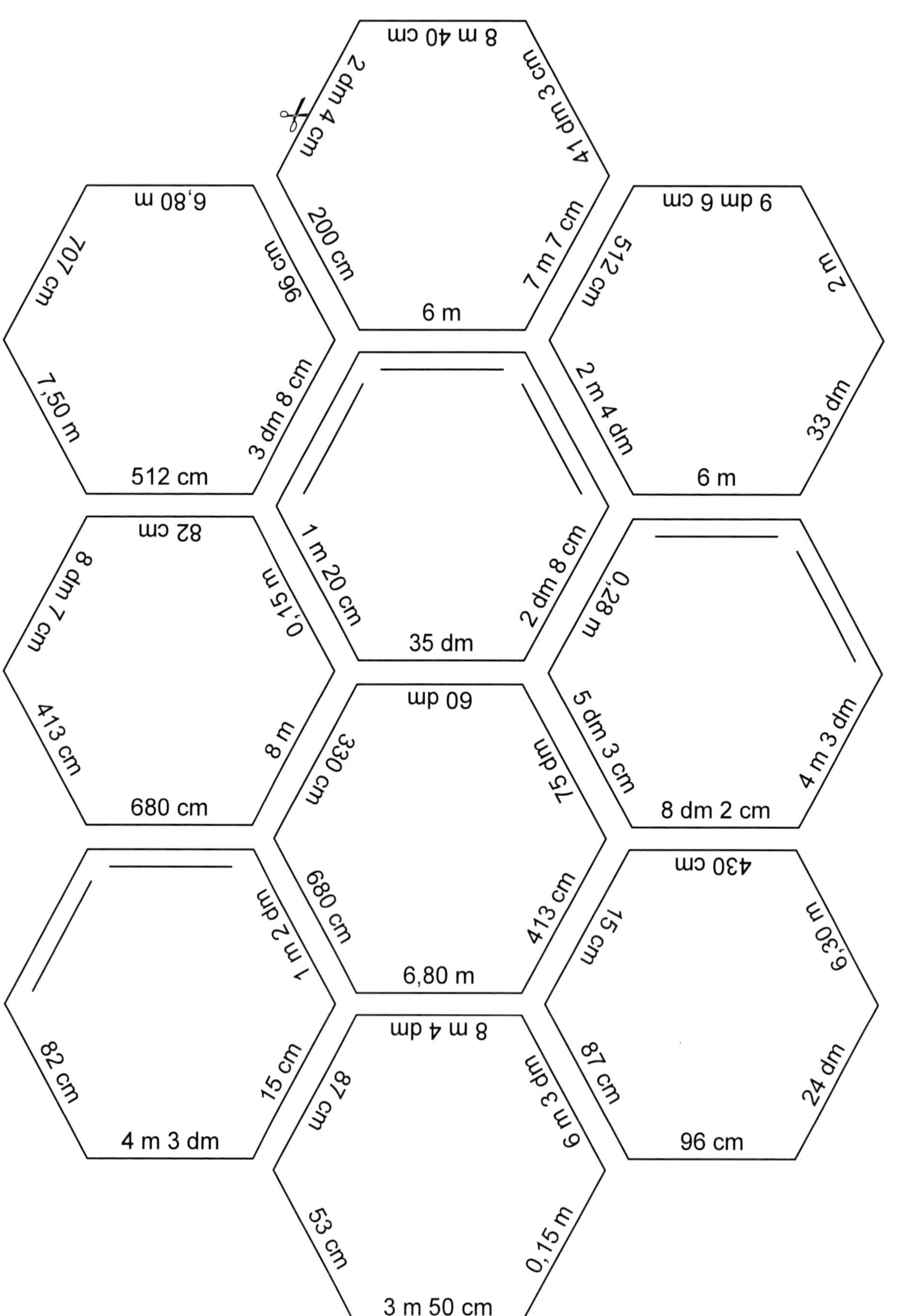

KOHL VERLAG Mit Maßeinheiten rechnen lernen
Mathe ganz praktisch – Bestell-Nr. 19 043

5 Kommazahlen

Info

Bei der Umrechnung in größere Landmaße musst du das Komma nach Anzahl der Nullen um so viele Stellen nach links versetzen.

Aufgabe:	359,3 m = ? km
Du weißt:	1 km = 1000 m
Du siehst:	Die 1000 hat drei Nullen
Du rechnest:	Das Komma muss um drei Stellen nach links.
Du löst:	359,3 m = 0,3593 km
Du merkst dir:	Steht keine Zahl mehr vor dem Komma, wird eine Null gesetzt.

Aufgabe 1: *Rechne in größere Längenmaße um. (Tipp: Raster benutzen.)*

781,6 cm	=		dm
425 dm	=		km
260,9 m	=		km
370,6 mm	=		cm
955,8 dm	=		m
525 mm	=		m
255,7 cm	=		m
319,1 mm	=		km

Aufgabe 2: *Fülle die Tabelle aus.*

km	m	dm	cm	mm
—			905,6	—
—				6392
		245,7	—	—
—			—	78
			523	—
	8,4		—	
—				7,5
	233,64			

Aufgabe 3: *Schreibe die Zahlen aus dem Vierzeiler in Meter (m) in dein Heft.*

Der Nullen sechs hat die Million,
mit neun glänzt die Milliarde schon,
es folgt mit zwölf ihr die Billion,
zuletzt mit achtzehn die Trillion.

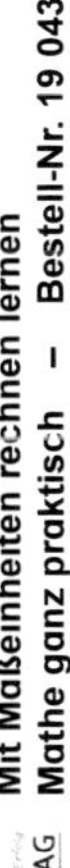

6 Addition und Subtraktion

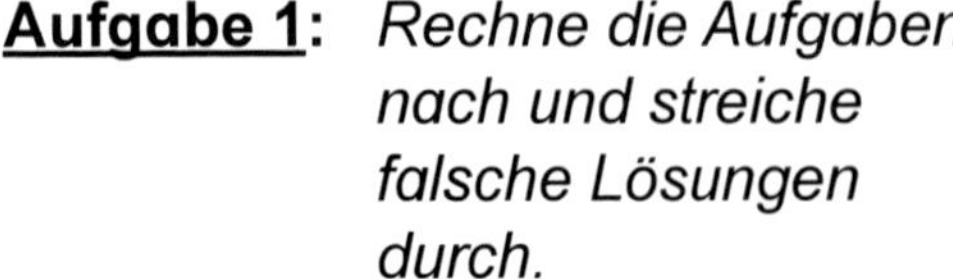

Aufgabe 1: *Rechne die Aufgaben nach und streiche falsche Lösungen durch.*

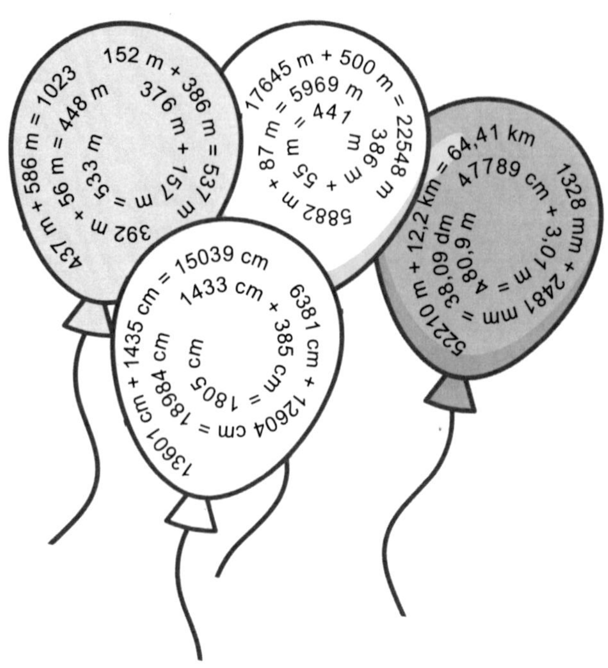

Aufgabe 2: *Rechne die Aufgaben in der Tabelle. Sechs der Ergebnisse bestehen aus gleichen Ziffern. Diese Buchstaben ergeben ein Lösungswort.*

+	392 m	2004 m	8631 m	11.503 m	11.186 m
4052 m	K	O	M	C	H
13.591 m	R	V	L	B	U
22.147 m	Q	D	O	P	A
66.274 m	S	N	M	S	W
1329 m	F	E	T	G	Z

Lösungswort: _______________

Aufgabe 3: *Welche beiden Ovale muss man subtrahieren, um als Ergebnis 55 m zu erhalten?*

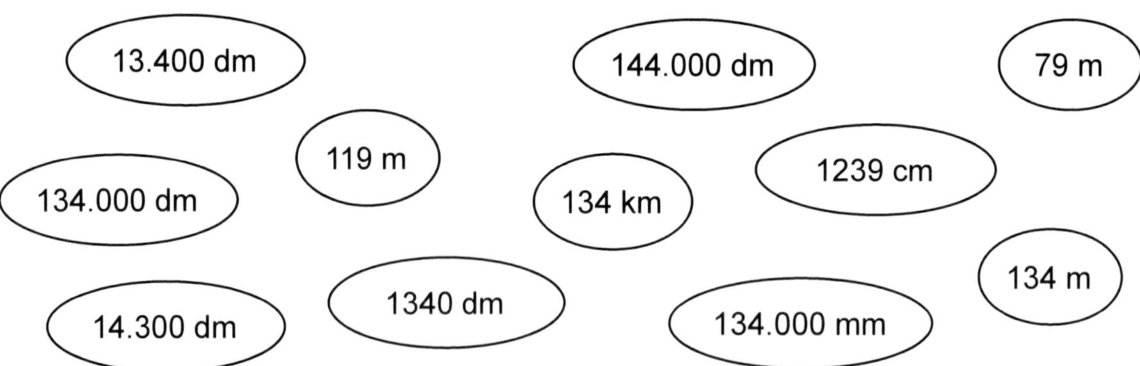

Aufgabe 4: *Löse die Aufgabe. Lies den Text vorher sorgfältig durch.*

Drei Gänse laufen in einem Abstand von 1 m nebeneinander die Straße entlang. Die Straße hat eine Breite von 5,35 m breit. Jede Gans ist 35 cm breit.

a) Wie viel von der Breite der Straße nehmen die Gänse ein? _______________

b) Wie viel Breite bleibt neben jeder Gans, die außen geht, von der Straße übrig? _______________

KOHL VERLAG Mit Maßeinheiten rechnen lernen Mathe ganz praktisch – Bestell-Nr. 19 043

7 Multiplikation und Division

Aufgabe 1: *Löse die Aufgaben.*

I. **a)** 6 • 3,75 m = ____ **c)** 3 • 8,55 m = ____ **e)** 2 • 6,72 m = ____

b) 8 • 5,85 m = ____ **d)** 7 • 9,98 m = ____ **f)** 5 • 4,05 m = ____

II. **a)** 4 • 23,95 cm = ____ **d)** 8 • 33,05 cm = ____ **g)** 3 • 21,05 cm = ____

b) 7 • 46,45 cm = ____ **e)** 9 • 62,85 cm = ____ **h)** 2 • 76,40 cm = ____

c) 6 • 98,98 cm = ____ **f)** 5 • 73,80 cm = ____ **i)** 6 • 67,54 cm = ____

III. **a)** 26,72 dm : 4 = ____ **d)** 75,25 dm : 5 = ____ **g)** 15,45 dm : 5 = ____

b) 38,48 dm : 8 = ____ **e)** 96,36 dm : 6 = ____ **h)** 63,09 dm : 9 = ____

c) 64,35 dm : 3 = ____ **f)** 28,62 dm : 9 = ____ **i)** 28,21 dm : 7 = ____

IV. **a)** 345,05 km : 5 = ____ **c)** 935,73 km : 9 = ____ **e)** 567,24 km : 6 = ____

b) 628,48 km : 4 = ____ **d)** 767,55 km : 7 = ____ **f)** 465,76 km : 8 = ____

V.

a) Der 4. Teil von 3,64 km ist ______

b) Der 3. Teil von 6,723 m ist ______

c) Der 5. Teil von 9,760 cm ist ______

d) Der 6. Teil von 9,672 m ist ______

e) Der 8. Teil von 7,496 dm ist ______

f) Der 9. Teil von 8,775 cm ist ______

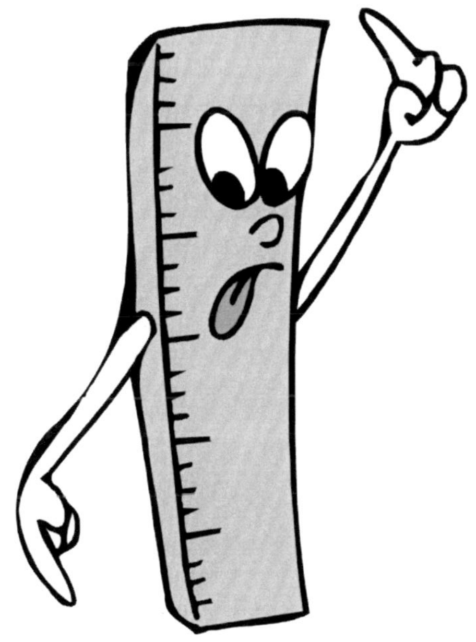

VI.

a) Das 4-fache von 6,01 m ist ______

b) Das 9-fache von 2,33 km ist ______

c) Das 3-fache von 21,03 m ist ______

d) Das 5-fache von 45,92 dm ist ______

e) Das 6-fache von 13,77 cm ist ______

f) Das 7-fache von 31,12 m ist ______

Mit Maßeinheiten rechnen lernen
Mathe ganz praktisch – Bestell-Nr. 19 043
KOHL VERLAG

(*Tipp*: Manchmal musst du statt der Divisionsaufgabe die Multiplikationsaufgabe rechnen, um an die Ergebnisse zu gelangen.)

Aufgabe 2: *Berechne die Ergebnisse.*

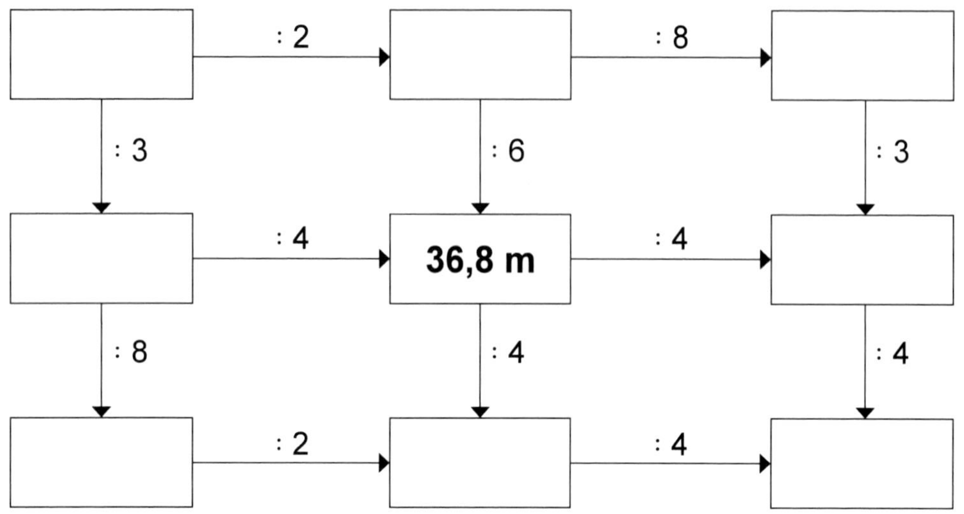

Aufgabe 3: *Löse die Rechenkunststücke.*

a) Von den Frauen auf einer Bank hat jede 60 cm Platz. Es kommt noch eine Frau dazu. Jetzt hat jede Frau nur noch 50 cm Platz. Wie lang ist die Bank?

____

b) Von den Kindern auf der Bank hat jedes genau 60 cm Platz. Nun steht eines der Kinder auf und geht. Jetzt hat jedes Kind 70 cm Platz. Wie lang ist die Bank?

____

8 Gemischtes

Aufgabe 1: *Unterstreiche die acht Berufe, bei denen Längenmaße wichtig sind.*

Schneiderin – Busfahrer – Zahnarzt – Tierarzt – Sparkassenangestellte – Koch – Schreiner – Schlosser – Informatiker – Ingenieur – Reiseleiter – Architekt – Elektriker – Städteplaner – Schornsteinfeger – Metzger – Kellner – Lehrer – Krankenschwester – Landvermesser

Aufgabe 2: *Unterstreiche die Gegenstände, die* ***nicht*** *mit Längenmaßen gemessen werden.*

Bretter – Tischtuch – Kochtopf – Gartenzaun – Körpergröße – Teppich – Fliesen – Vogelnest – Wände – Teekanne – Fensterscheiben – Straßen – Suppenschüssel – Kaffeetasse – Hosen – Haare – Schornstein – Hochhaus – Türen – Tische – Ohren – Kartons – Torte – Kaugummi

Aufgabe 3: *Welche Maße passen in der Länge und Breite zu den Gegenständen? Trage ein (zwei Werte sind nicht zuzuordnen).*

3 m und 2 m	160 cm und 120 cm	18 cm und 15 cm
30 mm und 20 mm	120 m und 80 m	6,50 m und 4,50 m
2 km und 24 m	80 cm und 40 cm	2000 km und 200 m
30 cm und 20 cm	1 mm und 2 mm	

Tischplatte = ________________

Briefmarke = ________________

Sportplatz = ________________

Küchenbrett = ________________

Autobahnabschnitt = ________________

Zimmerfußboden = ________________

Buchdeckel = ________________

Teppich = ________________

Handtuch = ________________

Mit Maßeinheiten rechnen lernen
Mathe ganz praktisch – Bestell-Nr. 19 043

8 Gemischtes

Aufgabe 4: *Erkläre die Redensarten schriftlich.*

a) um Längen geschlagen werden

____

b) sich in die Länge ziehen

____

c) den längeren Atem haben

____

d) einen langen Hals machen

____

e) am längeren Hebel sitzen

____

f) Ehrlich währt am längsten

____

Aufgabe 5: *Verbinde, was zusammengehört.*

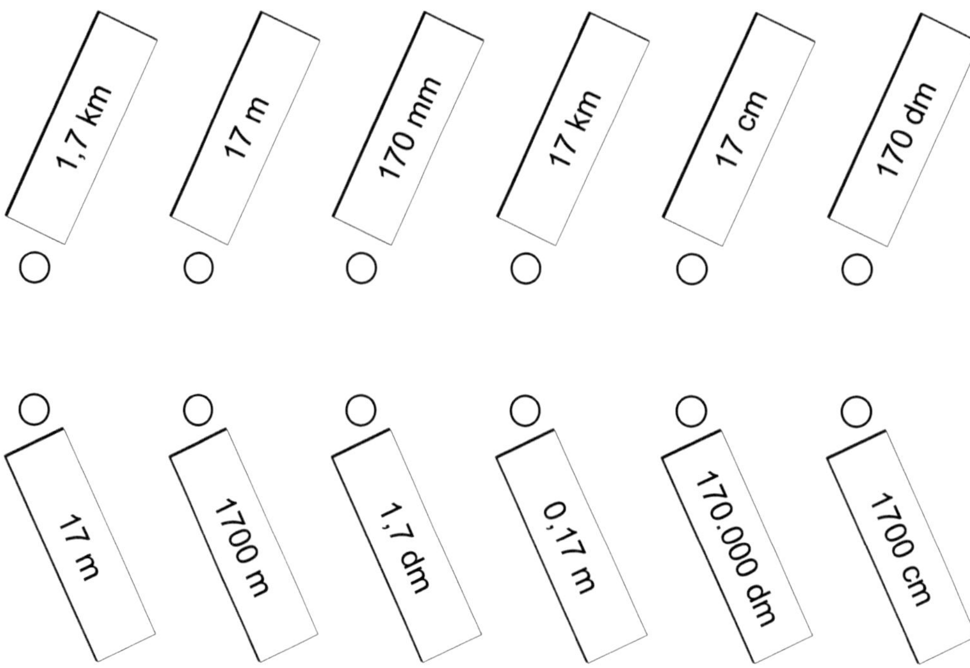

KOHL VERLAG
Mit Maßeinheiten rechnen lernen
Mathe ganz praktisch – Bestell-Nr. 19 043

9 Zahlen aus dem Weltall

Aufgabe 1: **a)** *Zeichne die Entfernungen der Planeten auf dem Zahlenstrahl ein.*

b) *Ziehe die Linie dann bis zu dem passenden Planeten.*

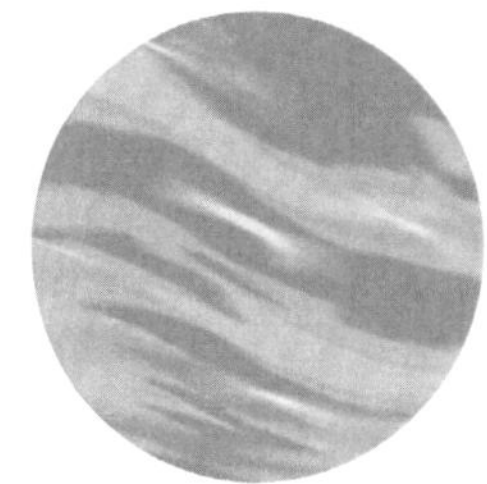

Neptun

Jupiter

Mars

100 Millionen – 1 Milliarde – 2 Milliarden – 3 Milliarden – 4 Milliarden – 5 Milliarden – 6 Milliarden km

Pluto

Saturn

Uranus

Entfernungen der Planeten von der Erde

Saturn:	1 Milliarde 300 Millionen Kilometer
Uranus:	2 Milliarden 800 Millionen Kilometer
Mars:	100 Millionen Kilometer
Jupiter:	600 Millionen Kilometer
Pluto:	5 Milliarden Kilometer
Neptun:	4 Milliarden 300 Millionen Kilometer

Übrigens ...

*im Jahr 2006 hat Pluto den Status eines Planeten verloren und gilt seither als **Zwergplanet**.*

Mit Maßeinheiten rechnen lernen
Mathe ganz praktisch – Bestell-Nr. 19 043

10 Riesenbauwerke

Aufgabe 1: *Zeichne die Höhe der Bauwerke als Säulendiagramm ein.*

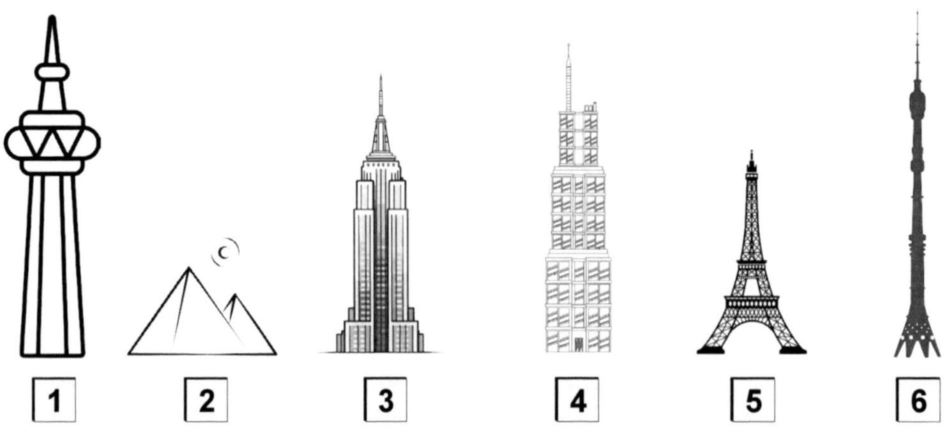

1 = CN Tower, Canada, 550 m
2 = Cheopspyramide, Ägypten, 145 m
3 = Empire State Building, USA, 380 m
4 = Sears Tower, USA, 430 m
5 = Eiffelturm, Frankreich, 300 m
6 = Ostankinoturm, Russland, 530 m

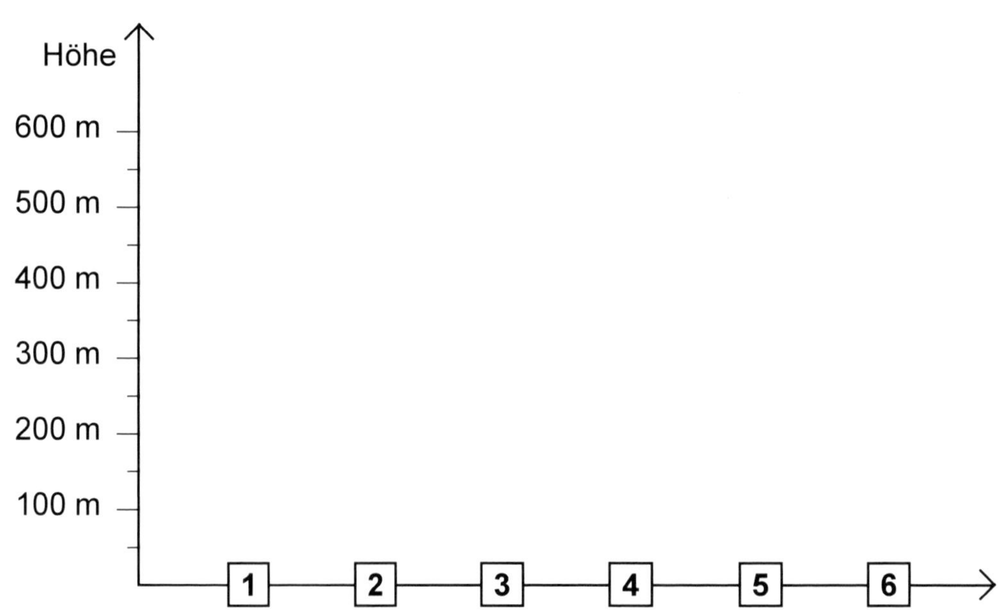

Aufgabe 2: **a)** *Welches ist das höchste Bauwerk?*

____

b) *Welches ist das niedrigste Bauwerk?*

____

c) *Wie groß ist der Unterschied in Metern?*

____

KOHL VERLAG Mit Maßeinheiten rechnen lernen
Mathe ganz praktisch – Bestell-Nr. 19 043

Riesenbauwerke

Aufgabe 3: *Informiere dich, welches zur Zeit das höchste Bauwerk der Welt ist.*

____

Aufgabe 4: *Um 215 v. Chr. wurde die Chinesische Mauer zum Schutz gegen Nomadenvölker errichtet. Vermute, wie lang die Chinesische Mauer ist. Kreuze an.*

☐ 500 km ☐ 1500 km ☐ 2500 km

Aufgabe 5: **a)** *Am Sears Tower (430 m hoch) in den USA soll ein Riesenbanner für Werbeanzeigen befestigt werden. Damit man die Werbung auch gut sehen kann, wird das Banner vom Dach des Wolkenkratzers an Schnüren herabgelassen. Diese Schnüre sind je 117 m lang. Das Banner hat eine Länge von 63 m. Wie hoch hängt es über der Erde?*

____

b) *Die Firma Betonnix baut Autobahnen. Von den verschiedenen Bundesländern erhalten sie Aufträge über eine bestimmte Streckenlänge. Leider schafften sie es nicht, alle Autobahnen bis zum Jahresende fertigzustellen. So sieht ihre Arbeit des letzten Jahres aus:*

Baden-Württemberg:	321,0 km	
Bayern:	317,5 km	*(100 km fehlen noch)*
Hessen:	218,0 km	
Nordrhein-Westfalen:	500,0 km	*(50 km fehlen noch)*
Mecklenburg-Vorpommern:	412,0 km	*(nur die Hälfte fertig geworden)*

Wie viele Autobahnkilomenter baute die Firma Betonnix im letzten Jahr?

____

KOHL VERLAG Mit Maßeinheiten rechnen lernen Mathe ganz praktisch – Bestell-Nr. 19 043

11 Flussdiagramm

Aufgabe 1: *Benutze das Flussdiagramm als Hilfe zum Lösen von Textaufgaben.*

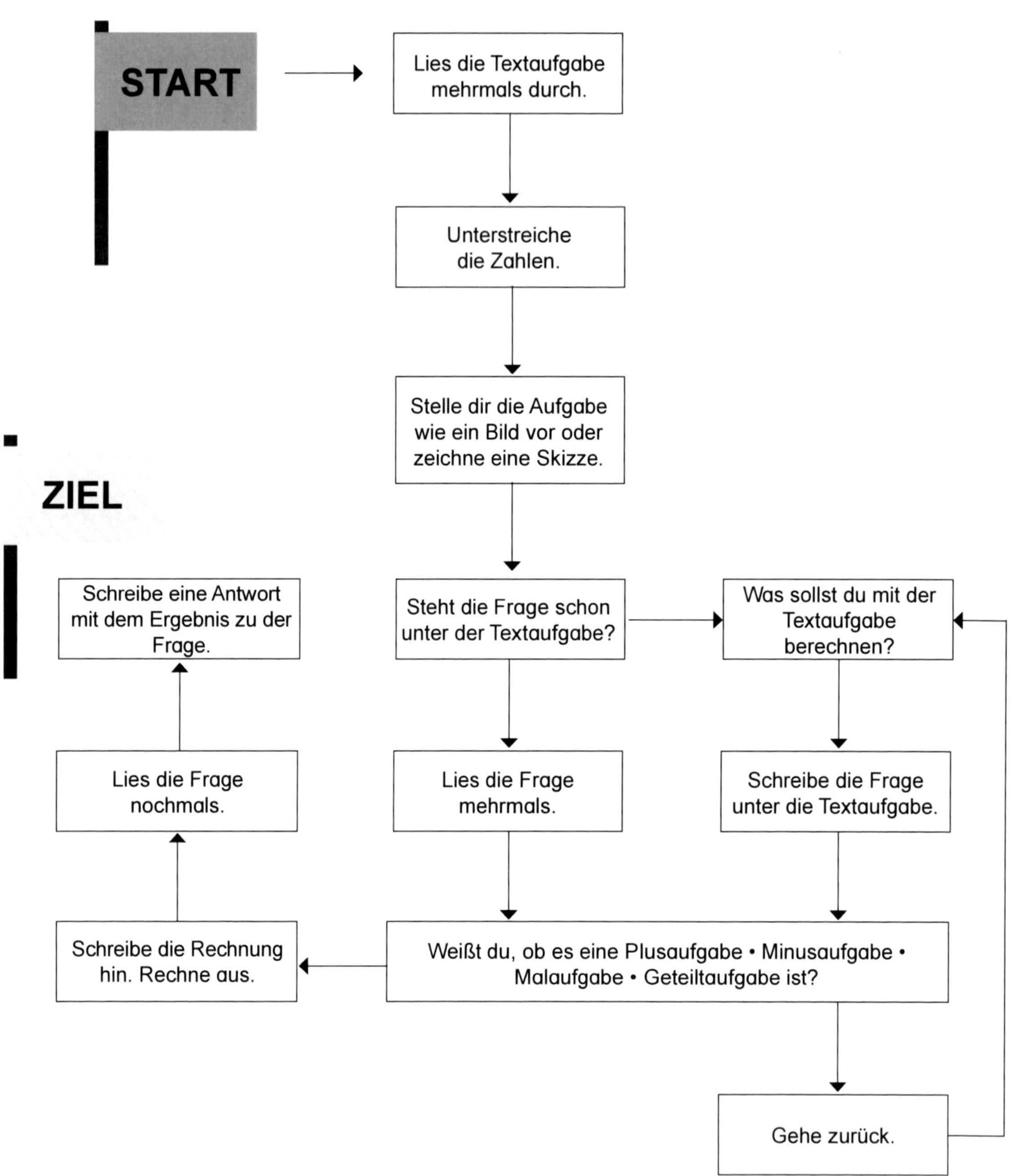

Aufgabe 1: *Probiere das Flussdiagramm an einer einfachen Textaufgabe Schritt für Schritt aus.*

Frau Muse schreitet eine Rasenkante für ein Blumenbeet ab. Ihre Schrittlänge beträgt 0,50 m. Nach 12 Schritten bleibt Frau Muse stehen.

Raum für deine Skizze

Mit Maßeinheiten rechnen lernen
Mathe ganz praktisch – Bestell-Nr. 19 043
KOHL VERLAG

12 Textaufgaben

Aufgabe 1: *Löse die Textaufgaben. Benutze dein Flussdiagramm als Hilfe. (Übrigens: Drei von ihnen sind nicht lösbar.)*

a) Jonas ist ein guter Weitspringer. Sein persönlicher Rekord liegt bei 4,10 m. Sein Freund Tommy springt 35 cm weniger.

b) Linus macht beim Sackhüpfen mit. Er braucht 20 Sprünge für die vorgesehene Strecke. Wie lang ist die Strecke?

c) Neele lässt ihren Papierdrachen auf 50 m steigen. Sie zieht die Schnur um 15 m ein, lässt sie dann 6 m nach und zieht sie wieder um 10 m ein. Wie hoch steht Neeles Drachen jetzt?

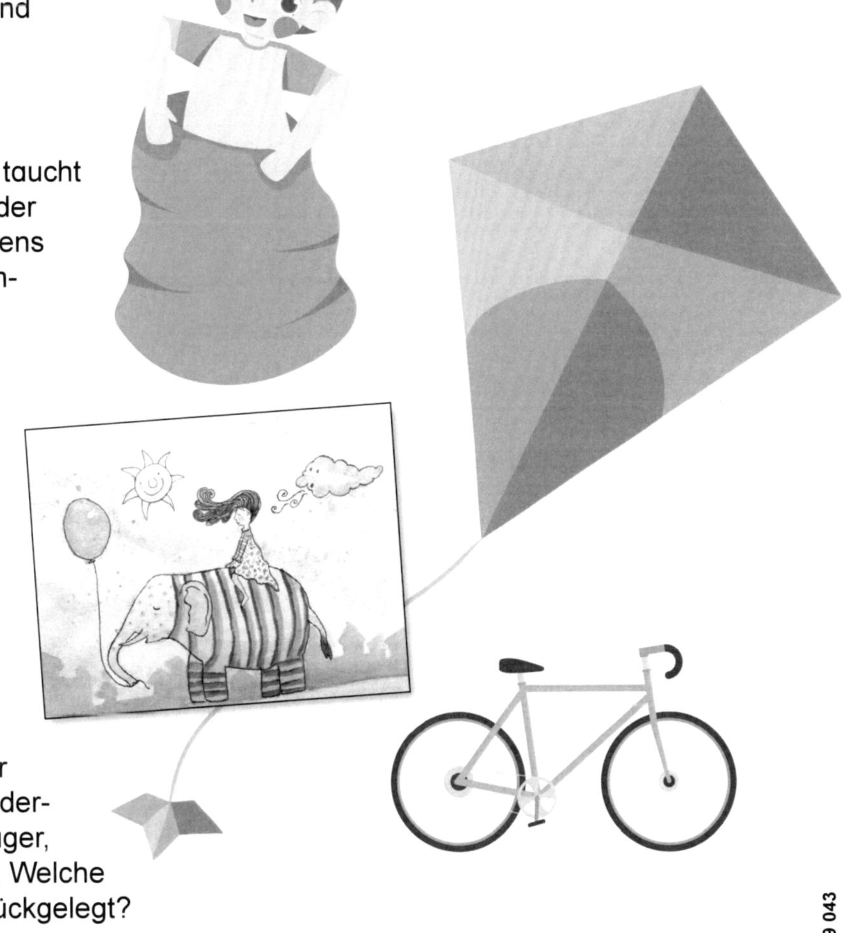

d) Leonie kann gut tauchen. Sie taucht 7 mal nach einem Tauchring, der am Boden des Schwimmbeckens liegt. Wie tief ist das Schwimmbecken?

e) Elias hängt seine gemalten Bilder nebeneinander an der Wand auf. Jedes Blatt ist 31,5 cm lang. Er kann 11 Bilder aufhängen.

f) Herr Lecker lässt eine 1,50 m lange Leiter bis auf den Boden einer Grube hinab. Wie breit ist die Grube?

g) Moritz und Meike stehen in 5,5 m Entfernung voneinander und spielen Federball. Der Federball fliegt 18 mal auf die Schläger, ohne den Boden zu berühren. Welche Strecke hat der Federball zurückgelegt?

h) Ein Rad hat einen Umfang von 4 m und legt eine Strecke von 92 m zurück. Wie oft dreht sich das Rad?

i) Familie Dahlen zieht um. Für die Küche benötigen sie neue Arbeitsplatten. Sie kaufen eine 6,75 m lange Arbeitsplatte, die sie zu Hause in 3 gleich große Teile zersägen müssen.

j) Frau Reitz faltet ein Tischtuch von 140 m Länge und 80 cm Breite an der Längsseite und Breitseite einmal zusammen. Welche Kantenlängen hat das Tischtuch danach?

k) Ulrike hat eine 6 m lange Wollschnur geflochten. Sie schneidet sie in 40 cm lange Stücke.

l) Ein Blumenbeet ist 12 m lang. An einer Kante soll pro Meter ein Pfosten für einen Drahtzaun gesetzt werden. Wie viele Pfosten müssen gekauft werden?

KOHL VERLAG Mit Maßeinheiten rechnen lernen
Mathe ganz praktisch – Bestell-Nr. 19 043

13 Umrechnungsraster Flächenmaße

Aufgabe 1: *Schneide die Umrechnungshilfe aus und benutze sie als Hilfe.*

1 km² = 100 ha

1 ha = 100 a

1 a = 100 m²

1 m² = 100 dm² = 10.000 cm² = 1.000.000 mm²

1 dm² = 100 cm² = 10.000 mm²

1 cm² = 100 mm²

→

	• 100	• 100	• 100	• 100	• 100	• 100
km²	ha	a	m²	dm²	cm²	mm²
	: 100	: 100	: 100	: 100	: 100	: 100

←

Aufgabe 2: *Benenne die Fläche mithilfe der Wörterliste.*

Dreieck – Sechseck – Quadrat – Kreis – Fünfeck – Rechteck

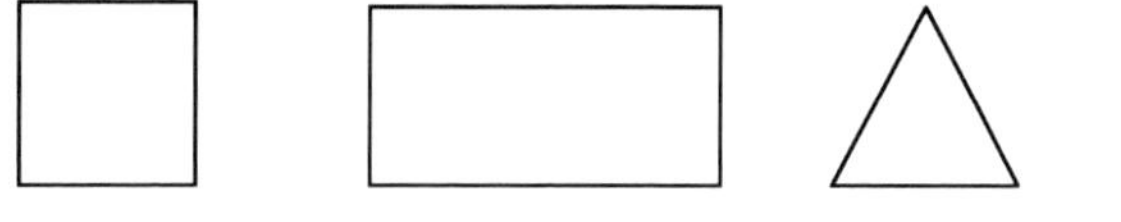
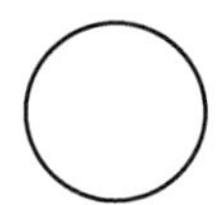
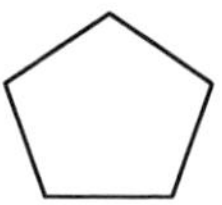

_______ _______ _______ _______ _______ _______

Aufgabe 3: *Welche Flächen müssen auf den Millimeter genau gemessen werden? Unterstreiche.*

Schranktüren – Teppichboden – Blumenvase – Bauplan – Kopftuch – Schaufensterscheibe – Brillengläser – Baumblatt – Toilettenpapier – Kartoffel – Gartenbeet – Schubladen – Autoteile – Waschlappen – Sandkasten – Gartenbank – Zimmertüren – Fliesen – Gartenzaun – Rechenheft – Scheibe für Monitor – Windschutzscheibe – Kochtopf

KOHL VERLAG Mit Maßeinheiten rechnen lernen
Mathe ganz praktisch – Bestell-Nr. 19 043

13 Umrechnungsraster Flächenmaße

Aufgabe 4: *Welche Gegenstände sind rund (◯), dreieckig (△) und welche rechteckig (▭)? Bezeichne sie mit dem richtigen Buchstaben.*

☐ Schuhkarton	☐ Pastillendose	☐ Autoreifen
☐ Toblerone	☐ Hut	☐ Vorfahrtsschild
☐ Schokoriegel	☐ Würfelzucker	☐ Regenschirm
☐ Regenrohr	☐ Holzbrett	☐ Mathebuch
☐ Schüssel	☐ Ball	☐ Füller
☐ Teppich	☐ Eimer	☐ Ohrenstäbchen

Aufgabe 5: *Was fehlt? Fülle die Lücken.*

a) $7\ m^2$ + __________ = $18\ m^2$

b) $19{,}3\ m^2$ + __________ = $2\ 000\ dm^2$

c) $27{,}8\ dm^2$ - __________ = $13{,}9\ dm^2$

d) $240{,}5\ cm^2$ - __________ = $23.900\ mm^2$

e) $4\ m^2$ + __________ = $27{,}3\ m^2$

f) $314\ mm^2 + 17{,}8\ cm^2$ = __________

g) $14{,}8\ cm^2 + 3{,}95\ cm^2$ = __________

h) $281{,}53\ cm^2 - 17\ mm^2$ = __________

i) $38\ m^2 + 1{,}2\ dm^2$ =

____

j) $218{,}55\ m^2 + 4\ cm^2$ =

____

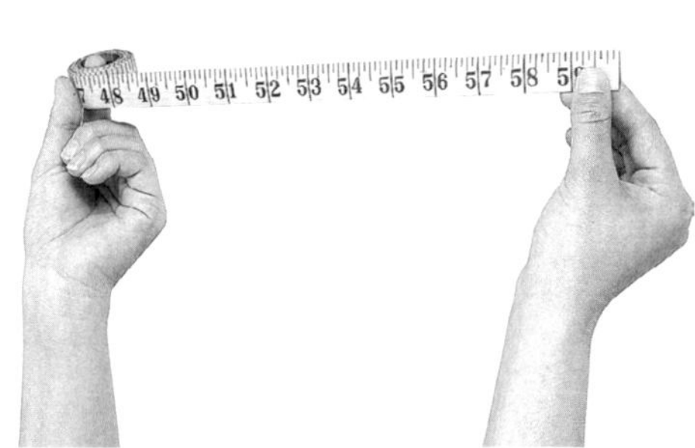

Aufgabe 6: *Kannst du diesen Mathewitz erklären?*

Lehrer: „Heute rechnen wir ohne Taschenrechner. Wie viel sind $2\ cm^2 + 2\ cm^2$?"

Jens: „Und bis wann brauchen Sie das Ergebnis?"

Mit Maßeinheiten rechnen lernen – Bestell-Nr. 19 043
Mathe ganz praktisch
KOHL VERLAG

14 Flächen zeichnen

Aufgabe 1: • *Ergänze die Figuren durch 2 oder 3 gerade Linien zu Dreiecken.*
• *Miss die Seiten der Dreiecke und schreibe die Maße an die Seiten.*

Aufgabe 2: *Zeichne die Rechtecke mit den folgenden Maßen mit Bleistift und Lineal auf ein Blatt:* ***L*** *= Länge,* ***B*** *= Breite.*

L = 5 cm B = 3 cm	L = 10 cm, B = 9 cm	L = 4,5 cm, B = 5,5 cm
L = 9 cm, B = 7 cm	L = 4 cm, B = 6 cm	L = 3,5 cm, B = 6,5 cm
L = 6 cm, B = 4 cm	L = 11 cm, B = 3 cm	L = 7 cm, B = 6,6 cm

Aufgabe 3: *Zeichne die Quadrate mit Bleistift und Lineal auf ein Blatt.*
Achtung: Bei einem Quadrat sind alle Seiten gleich lang.

L = 4 cm L = 7 cm L = 3 cm L = 5 cm L = 6 cm

Aufgabe 4: *Male die Flächen mit Filzstiften an, schneide sie aus und klebe sie zu einem Muster auf ein Stück Pappe oder Zeichenkarton.*

Aufgabe 5: *Schneide mehrere Quadrate aus Papier mit Rechenkästchen aus, indem du das nächste eine Kästchenreihe kleiner schneidest als das vorhergehende.*
Klebe einen Turm nach deinen Ideen.
Die Beispiele könnten dir bei deinen Ideen helfen.

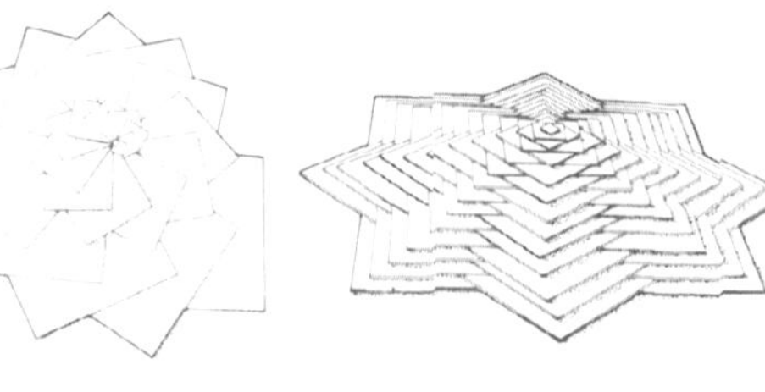

KOHL VERLAG Mit Maßeinheiten rechnen lernen
Mathe ganz praktisch – Bestell-Nr. 19 043

15 Flächenmaße umwandeln

Aufgabe 1: *Schneide die Quadrate aus und lege die passenden Paare zusammen.*

66 cm^2 31 mm^2	400 ha	4 km^2	200 cm^2
73 dm^2 12 cm^2	60 m^2	17 cm^2 42 mm^2	13 m^2 3 dm^2
20.000 mm^2	37 dm^2 9 cm^2	70.000 a	49 dm^2 8 cm^2
40.000 a	4908 cm^2	6631 mm^2	67 m^2
670.000 cm^2	6000 dm^2	7.000.000 m^2	3709 cm^2
1303 dm^2	1742 mm^2	7312 cm^2	400 ha

16 Umfang berechnen

Um den Umfang einer Fläche zu berechnen, addierst du alle Seiten:

a + b + a + b oder kürzer 2 • a + 2 • b

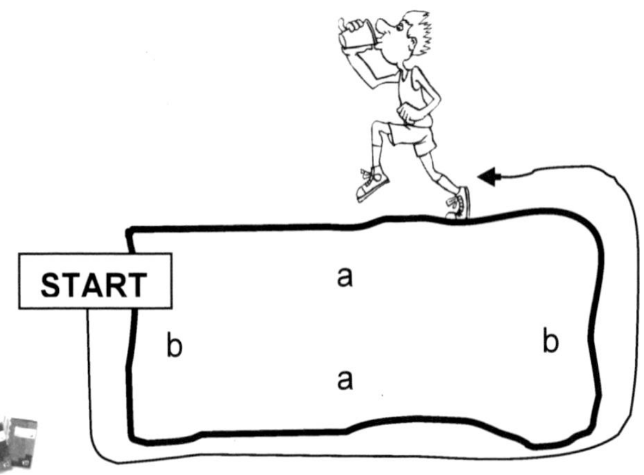

Aufgabe 1: **a)** *Berechne den Umfang.*

	a	b		a	b
Sportplatz	30 m	50 m	Tunnel	12 km	30m
Tulpenbeet	18 m	27 m	Radweg	150 m	3 m
Rasenplatz	15 m	30 m	Hecke	60 m	30 cm
Terrasse	25 m	15 m	Parkplatz	20 m	5 m
Bauplatz	30 m	25 m	Autobahn	120 km	15 m
Skaterbahn	120 m	70 m	Waldstück	220 m	26 m
Spielplatz	17 m	23 m	Wanderweg	45 km	2 m

b) *Wie viele Schritte müsstest du um die Flächen gehen (2 Schritte = 1 m)?*

	Schritte		Schritte
Sportplatz		Tunnel	
Tulpenbeet		Radweg	
Rasenplatz		Hecke	
Terrasse		Parkplatz	
Bauplatz		Autobahn	
Skaterbahn		Waldstück	
Spielplatz		Wanderweg	

Aufgabe 2: *Welche Seitenlängen könnten diese Flächen haben?*

	a	b
60 m^2	30 m	20 m
120 m^2		
42 cm^2		
64 mm^2		
63 dm^2		
160 km^2		
500 m^2		
360 m^2		

Aufgabe 3: *Berechne den Umfang von Küche, Wohnzimmer, Kinderzimmer, Bad und Schlafzimmer.*

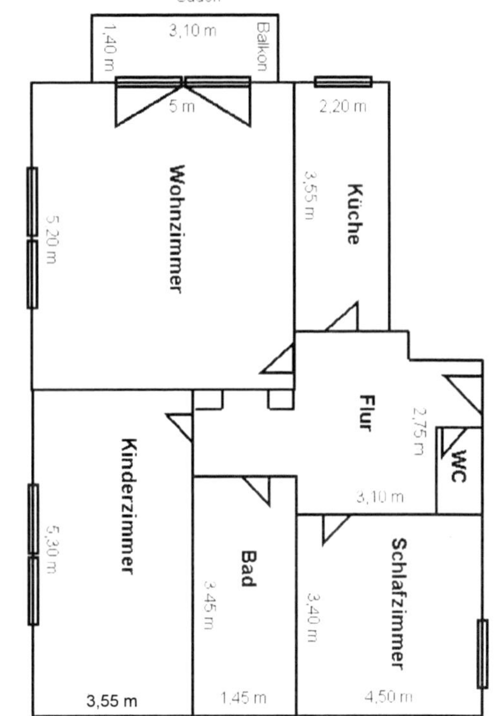

KOHL VERLAG Mit Maßeinheiten rechnen lernen Mathe ganz praktisch – Bestell-Nr. 19 043

17 Flächeninhalt berechnen

Um den Inhalt eines Rechtecks zu berechnen, multiplizierst du 2 Seiten:

a • b

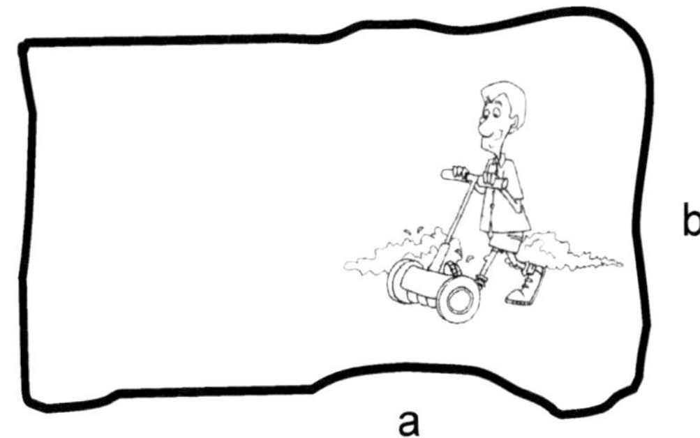

Aufgabe 1: *Berechne die Flächeninhalte.* 

	a	b		a	b
Sportplatz	30 m	50 m	Tunnel	12 km	30m
Tulpenbeet	18 m	27 m	Radweg	150 m	3 m
Rasenplatz	15 m	30 m	Hecke	60 m	30 cm
Terrasse	25 m	15 m	Parkplatz	20 m	5 m
Bauplatz	30 m	25 m	Autobahn	120 km	15 m
Skaterbahn	120 m	70 m	Waldstück	220 m	26 m
Spielplatz	17 m	23 m	Wanderweg	45 km	2 m

Aufgabe 2: *Berechne die Wohnflächen von Küche, Wohnzimmer, Kinderzimmer, Bad und Schlafzimmer.*

Ein Quadrat hat vier gleich lange Seiten. Um den Flächeninhalt zu berechnen, rechnest du:

a • a oder kürzer: a^2

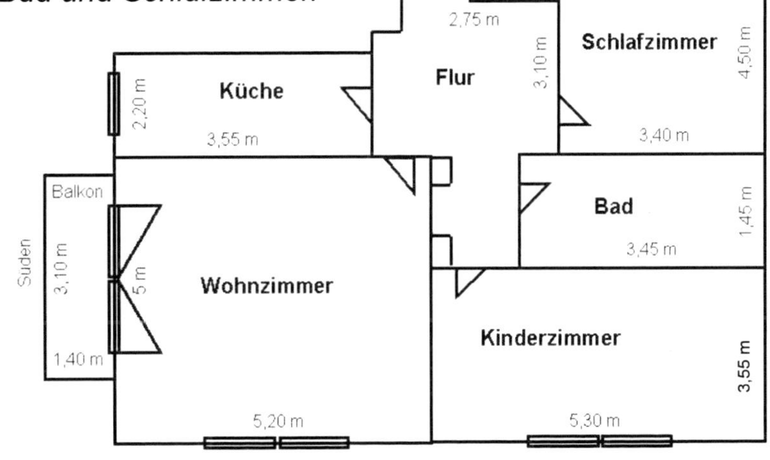

Aufgabe 3: *Berechne die Seite a der Quadratflächen.*

	Länge einer Seite
49 m^2	
81 km^2	
144 cm^2	

	Länge einer Seite
25 mm^2	
625 m^2	
169 km^2	

Aufgabe 4: *Welche Seitenlängen könnten diese rechteckigen Flächen haben? (Beachte: Flächeninhalt a • b)*

	Seite a	Seite b		Seite a	Seite b
Klasse 28 m^2			Balkon 6 m^2		
Halle 50 m^2			Park 21 km^2		
Garten 400 m^2			Gehweg 162 m^2		
Rasen 108 m^2			Tür 2 m^2		
Keller 12 m^2			See 600 m^2		

Mit Maßeinheiten rechnen lernen
Mathe ganz praktisch – Bestell-Nr. 19 043

18 Flächen im Maßstab

Info

Große Flächen wie Sportplätze, Wohnungen, Waldgebiete oder Seen werden auf Plänen maßstabgerecht kleiner gezeichnet.

- Ein Maßstab 1:100 bedeutet: 1 cm auf dem Plan sind in Wirklichkeit 100 cm.
- Ein Maßstab von 1:50 bedeutet: 1 cm auf dem Plan sind in Wirklichkeit 50 cm.

Aufgabe 1: **a)** *Wie lang und breit sind die Flächen auf dem Plan? Der Maßstab beträgt 1 : 1 000 (1 cm im Plan entspricht 1000 cm (10 m) in Wirklichkeit).*

	Länge	Breite		Länge	Breite
Spielplatz	80 m	50 m	Garten	250 m	420 m
Supermarkt	90 m	60 m	See	1200 m	2500 m
Klassenraum	8 m	5 m	Wohnzimmer	6,50 m	5,50 m

b) *Wie lang und breit sind die Flächen in Wirklichkeit? Der Maßstab beträgt 1 : 100 (1 cm im Plan entspricht 100 cm (1 m) in Wirklichkeit).*

	Länge	Breite		Länge	Breite
Parkplatz	16 cm	9 cm	Brücke	9 cm	4 cm
Gehweg	3500 cm	3 cm	Wiese	13 cm	29 cm
Waldgebiet	25.000 cm	43.000 cm	Fenster	2 cm	1,5 cm

Aufgabe 2: *Berechne die Maße im Maßstab 1 : 100 und zeichne sie mit Lineal und Bleistift auf ein Blatt Papier. (1 cm im Plan entspricht 100 cm in Wirklichkeit.)*

	Länge		Breite	
	in Wirklichkeit	im Plan	in Wirklichkeit	im Plan
1 Tisch	1,5 m =		0,5 m =	
1 Stuhl	0,5 m =		0,5 m =	
1 Schrank	2 m =		1 m =	
Tafel	2 m =		1,5 m =	
1 Regal	2 m =		0,5 m =	
Seitentafel	3 m =		1 m =	
Waschbecken	0,5 m =		0,5 m =	

KOHL VERLAG Mit Maßeinheiten rechnen lernen Mathe ganz praktisch – Bestell-Nr. 19 043

18 Flächen im Maßstab

Aufgabe 3: **a)** *Zeichne den Klassenraum von 8 m Länge und 6 m Breite im Maßstab 1 : 40 unten ein.*

b) *Zeichne eine Tür von 1 m Breite und eine Fensterfront von 6 m Breite maßstabgerecht in den Grundriss ein.*

c) *Zeichne auf einem Extrablatt Einrichtungsgegenstände maßstabgerecht, bemale & beschrifte sie und schneide sie dann aus.*

d) *Richte den Klassenraum mit den Flächen der Einrichtungsgegenstände ein. Gefällt dir deine Idee, klebe die Flächen auf.*

KOHL VERLAG Mit Maßeinheiten rechnen lernen
Mathe ganz praktisch – Bestell-Nr. 19 043

19 Landmaße

Aufgabe 1: *Rechne die Maße um.*

a) 5 ha = ________ a

b) 45 ha = ________ a

c) 3500 a = ________ ha

d) 4 a = ________ m²

e) 150 a = ________ ha

f) 9 a = ________ m²

g) 3 ha = ________ m²

h) 5,6 ha = ________ a

i) 70 ha = ________ a

j) 2 ha = ________ a

k) 4700 a = ________ ha

l) 23 a = ________ m²

m) 96 a = ________ ha

n) 3 a = ________ m²

o) 7 ha = ________ m²

p) 12,22 ha = ________ a

Aufgabe 2: *Wie lange braucht Bauer Schulz, um seine Felder umzupflügen?*

Bauer Schulz benötigt 2 Stunden (**h**), um 1 ha Land Acker umzupflügen.

a) Teufelsacker 5 ha = ______ h

b) Hangacker 7 ha = ______ h

c) Geisterfeld 4 ha = ______ h

d) Rübfeld 6,5 ha = ______ h

e) Kornfeld 8,3 ha = ______ h

f) Engelsbusch 14 ha = ______ h

g) Sonnenbusch 9 ha = ______ h

h) Im Busch 6 ha = ______ h

Aufgabe 3: *Wie viel verdienen die Waldbesitzer an dem geschlagenen Holz, wenn 1 Hektar 1500 € einbringt?*

a) Eichengrund 3 ha = ______ €

b) Im Horst 7 ha = ______ €

c) Großwald 19 ha = ______ €

d) Kleinwald 2 ha = ______ €

e) Driebusch 5,5 ha = ______ €

f) Rübfeld 7,5 ha = ______ €

g) Steinhorst 12 ha = ______ €

h) Krähenforst 9,3 ha = ______ €

i) Hochwald 8 ha = ______ €

j) Niederwald 5 ha = ______ €

k) Sonnenberg 2,5 ha = ______ €

l) Weißholz 8,2 ha = ______ €

KOHL VERLAG Mit Maßeinheiten rechnen lernen – Bestell-Nr. 19 043
Mathe ganz praktisch

Aufgabe 4: *Wer besitzt das meiste Land?*

Drei Bauern streiten sich, wer das meiste Land besitzt.

Bauer Schulz hat 230 ha Land, Bauer Bissel besitzt 2.300.000 m² Ackerfläche und Bauer Terhoven muss 23.000 a beackern.

____

Aufgabe 5: *Wie viel Land hat jeder Bauer?*

Bauern besitzen eigenes Land, aber sie können manchmal auch Felder von Bauern, die diese nicht mehr benötigen, dazupachten.

	Eigenes Land	Pachtland	Gesamtfläche
Bisselshof	28 ha	50.000 m²	
Bergerhof	120 ha	300 a	
Kolberhof	180 ha	280.000 m²	
Asselhof	4600 a	3 ha	
Asdongshof	320.000 m²	3500 a	

Aufgabe 6: *Finde die zusammengehörenden Paare.*

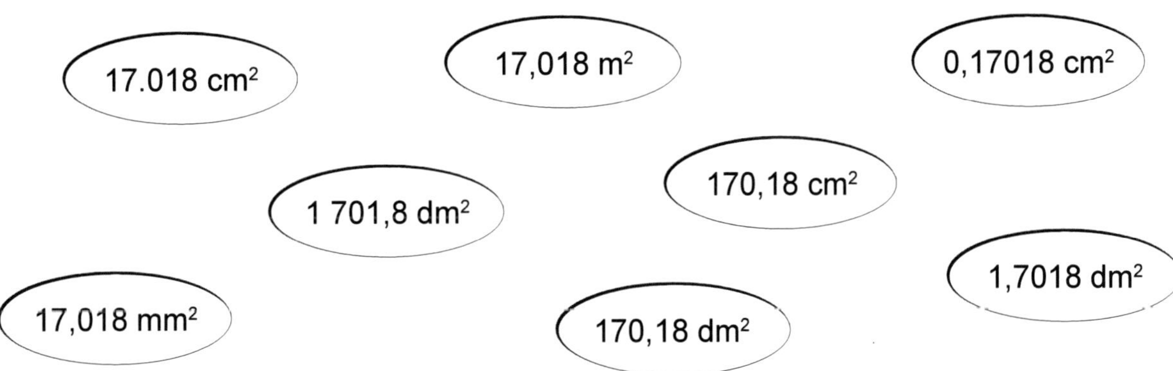

Oh man!

Mathelehrer: „Wie viel ist 3 ha + 4 ha?“

Sven: „5 inklusive Mehrwertsteuer, 0 beim Versagen des Taschenrechners und 4 für Leute ohne Fantasie.“

Mit Maßeinheiten rechnen lernen
Mathe ganz praktisch – Bestell-Nr. 19 043
KOHL VERLAG

20 Hubschraubermaße

Die Größe von Städten und Gemeinden wird in Quadratkilometern gemessen. Wie groß diese Flächen sind, kann man nur vom Hubschrauber aus größerer Höhe überblicken.

Aufgabe 1:

a) *Informiere dich über die Flächengröße der Bundesländer Deutschlands. Die Zahlen in der Tabelle könnten etwas abweichen.*

b) *Ordne die Namen der Bundesländer ihren passenden Flächengrößen durch Verbindungslinien zu.*

c) *Male die Bundesländer in den angegebenen Farben aus.*

Bundesland
Schleswig-Holstein
Bremen
Hamburg
Niedersachsen
Mecklenburg-Vorpommern
Berlin
Brandenburg
Sachsen-Anhalt
Sachsen
Thüringen
Nordrhein-Westfalen
Hessen
Rheinland-Pfalz
Saarland
Baden-Württemberg
Bayern

Fläche	Farbe
35.752 km^2	blau
23.173 km^2	rot
892 km^2	grün
2569 km^2	gelb
70.549 km^2	lila
34.083 km^2	schwarz
404 km^2	braun
19.847 km^2	orange
21.115 km^2	ocker
20.445 km^2	weiß
47.618 km^2	hellblau
755 km^2	hellgrün
15.763 km^2	pink
29.476 km^2	hellrot
18.413 km^2	grau
16.172 km^2	violett

KOHL VERLAG Mit Maßeinheiten rechnen lernen
Mathe ganz praktisch – Bestell-Nr. 19 043

21 Zusammengesetzte Flächen

Familie Meis hat einen Bauplatz für den Neubau eines Hauses gekauft.

Aufgabe 1:
- *Berechne die Fläche des Bauplatzes. Die Maße sind in Meter (m) angegeben. (Tipp: Unterteile die Fläche vorher mit Lineal und Bleistift geschickt in Rechtecke ein.)*
- *Das Haus soll eine Grundfläche von 120 m² haben. Welche Seitenlängen hat das Haus? Passt es auf das Grundstück?*

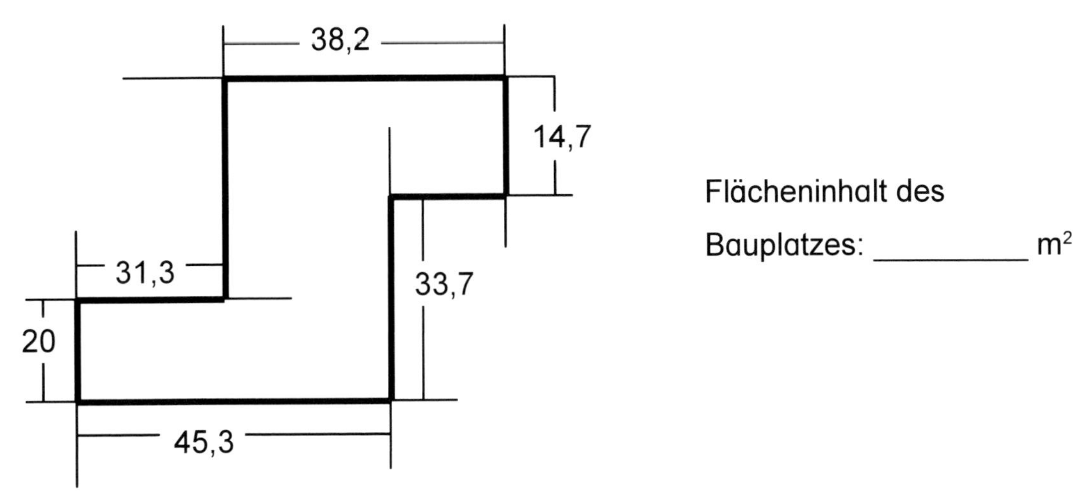

Flächeninhalt des Bauplatzes: __________ m²

Aufgabe 2:
- *Berechne den Umfang der Fläche.*
- *Berechne den Flächeninhalt. (Tipp: Unterteile die Fläche vorher mit Lineal und Bleistift geschickt in Rechtecke ein.)*

Abb.: 2

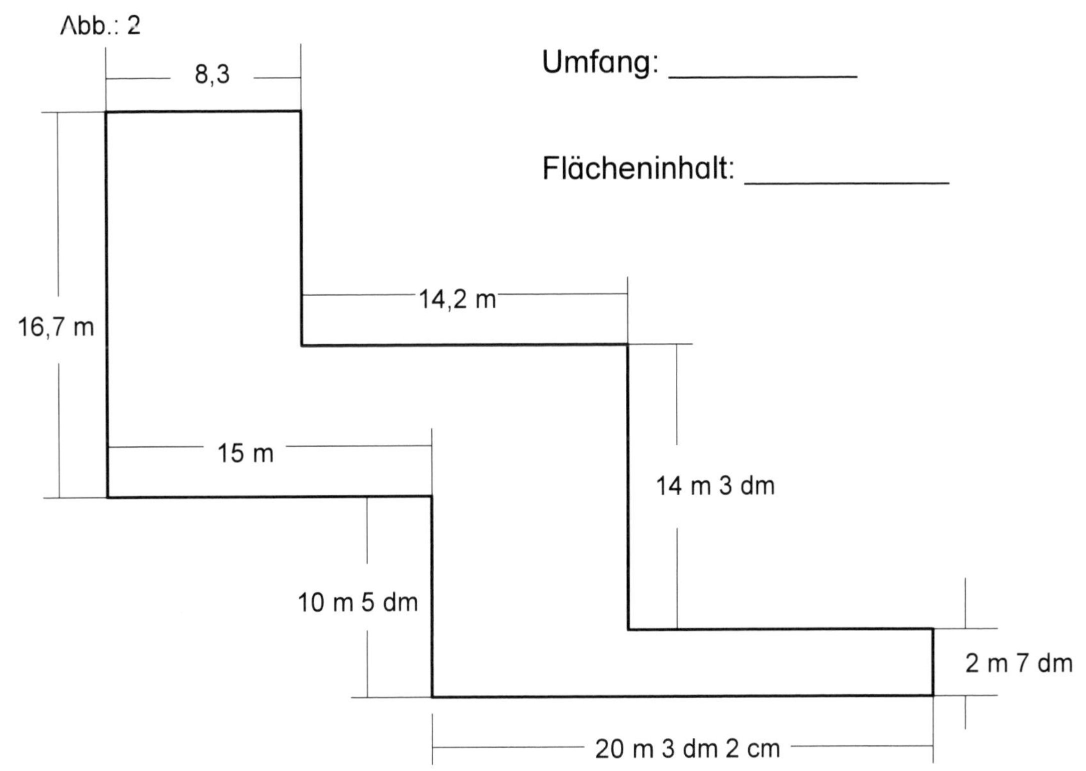

Umfang: ____________

Flächeninhalt: ____________

KOHL VERLAG Mit Maßeinheiten rechnen lernen
Mathe ganz praktisch – Bestell-Nr. 19 043

22 Textaufgaben II

Aufgabe 1: *Löse die Textaufgaben. Benutze dein Flussdiagramm als Hilfe. (Übrigens: Drei von ihnen sind nicht lösbar.)*

a) Frau Huber verkauft ein 20 m langes und 15 m breites Grundstück. Wie hoch ist der Verkaufspreis, wenn sie für 1 m^2 50 € haben möchte?

b) Ein quadratisches Rasenstück hat eine Seitenlänge von 40 m. In der Mitte soll ein Teich von 90 m^2 angelegt werden. Wie groß ist die Fläche des restlichen Rasens?

c) Eine Terrasse von 95 m^2 soll mit Bodenplatten belegt werden. Wie viele Bodenplatten werden benötigt? Eine Bodenplatte kostet 15 €. Wie hoch ist der Preis für alle Bodenplatten?

d) Ein Sandkasten soll mit Sand gefüllt werden. Er ist 6 m lang und 4 m breit. Für 1 m^2 werden 2 Schubkarren Sand benötigt. Wie viele Schubkarren Sand müssen herangeschafft werden?

e) Für das Verlegen eines Teppichbodens im Kinderzimmer verlangt der Handwerker 12 € pro Quadratmeter. Wie viel kostet die gesamte Verlegung?

f) Till hat einen Spielzeuglaster mit einer Ladefläche von 50 cm Länge und 30 cm Breite. Er will 60 Bauklötze laden, die nebeneinander liegen sollen. Jeder Bauklotz ist 5 cm lang und 5 cm breit. Wie viele Bauklötze kann er laden?

g) In eine Rasenfläche wird eine Betonplatte für einen Außensitzplatz gegossen. Wie groß ist die Fläche der Betonplatte? Wie viel Rasenfläche bleibt insgesamt übrig?

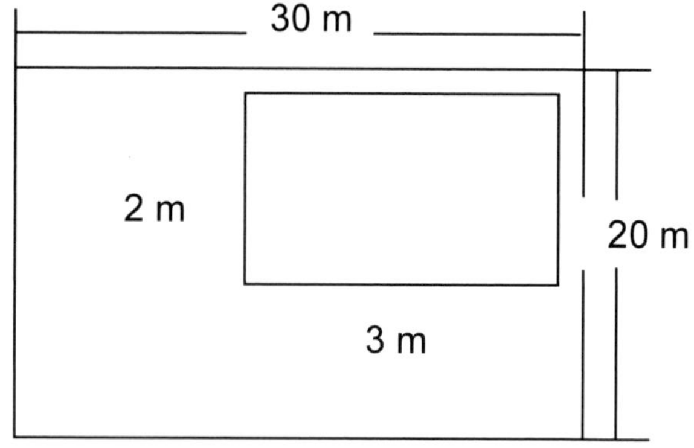

h) Ein rechteckiger Platz hat die Seitenlängen von

a = 75 m und
b = 60 m.

Er soll mit quadratischen Betonplatten ausgelegt werden, die eine Seitenlänge von 50 cm haben.

- Wie viele Betonplatten werden benötigt?
- Wie hoch sind die Kosten, wenn eine Betonplatte 8,50 € kostet?
- Wie hoch sind die Kosten für die Verlegung, wenn 1 m^2 2,50 € kosten?
- Wie hoch sind die Kosten insgesamt?

i) Frau Becker legt einen Obstgarten an. Die Fläche beträgt 45 m Länge und 40 m Breite. Jeder Obstbaum benötigt eine Fläche von 6 m^2. Frau Becker hat 320 Obstbäume bestellt.

- Kann sie alle bestellten Obstbäume auf dem Grundstück pflanzen?
- Wie viele Obstbäume passen auf das Grundstück?

Mit Maßeinheiten rechnen lernen – Bestell-Nr. 19 043
Mathe ganz praktisch
KOHL VERLAG

22 Textaufgaben II

j) Die Großfamilie Leur erbt ein quadratisches Grundstück. Es soll in 4 gleiche Teile eingeteilt werden. Wie viel m² bekommt jeder?

k) Eine Wiese von Bauer Fossler hat eine Fläche von 300 a. Pro m² kann er 120 kg Heu ernten. Wie viele kg beträgt die gesamte Heuernte?

l) Herr Gschwind zieht in eine neue Wohnung. Es soll pro Quadratmeter 7,50 € bezahlen. Wie hoch ist die Monatsmiete?

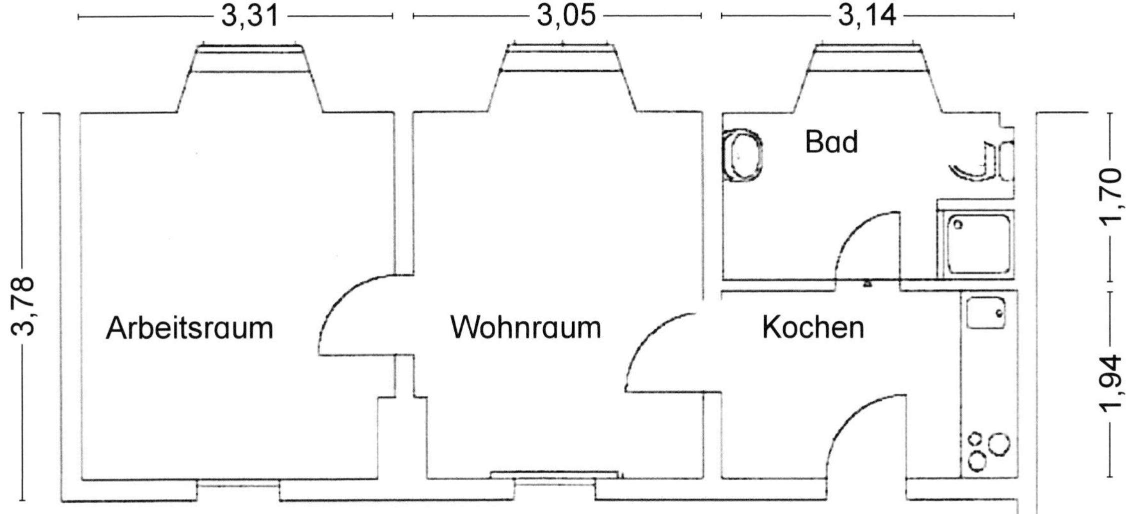

m) Ein Spielplatz hat eine Länge von 47 m und eine Breite von 39 m. Er muss eingezäunt werden. Außerdem soll ein Tor von 2 m eingesetzt werden. Wie viele Meter Maschendraht sind erforderlich?

n) Ein Bauer zieht einen Graben um sein Feld. Das Feld hat Seitenlängen von 135 m und 242 m. Wie lang wird der Graben?

o) Ein quadratischer Teich soll mit Steinplatten eingefasst werden. Eine Seite des Teichs ist 30 m lang. Wie viele Meter Platten werden benötigt?

p) Für den Weihnachtmarkt will die Stadt Huseck 30 Verkaufsbuden von je 6 m² aufstellen. Der Platz ist 168 m² groß.

- Passen alle Verkaufsbuden auf den Platz?
- Wenn nicht alle Buden Platz haben sollten, wie viele würden übrig bleiben?
- Die Miete für eine Bude beträgt 12,50 € pro Tag. Wie viel Miete nimmt die Stadt Huseck pro Tag ein?
- Der Weihnachtsmarkt dauert 4 Tage. Wie viel Miete kann die Stadt Huseck insgesamt kassieren?

q) Leonie hat eine Wand im Wohnzimmer mit Filzstiften bemalt. Die Eltern wollen die 5 m breite und 2,50 m hohe Wand neu tapezieren. Eine Tapetenrolle ist 50 cm breit und 10 m lang. Wie viele Rollen Tapete müssen die Eltern kaufen?

p) Bauer Hein verkauft 0,9 ha Acker. Er verlangt 7 € pro Quadratmeter. Wie hoch ist der Verkaufspreis?

Mit Maßeinheiten rechnen lernen
Mathe ganz praktisch – Bestell-Nr. 19 043

23 Ungefähre Raummaße

Früher gab es keine genauen Maße, aber trotzdem mussten die Menschen das Gewicht oder die Mengen einer Ware bestimmen. Für Waren, die in Tonkrügen aufbewahrt wurden, hatte man gelernt, den Inhalt der Krüge zu bestimmen. Es gab Hohlmaße wie Schaff, Malter, Scheffel, Humpen oder Sester. Es waren nur ungefähre Maße.

Aufgabe 1: *Streiche die fünf Waren durch, die nicht in Gefäßen (Körbe, Säcke, Krüge, Kisten) aufbewahrt wurden.*

Essig – Rotwein – Mehl – Most – Ziegel – Kaffebohnen – Kakao – Milch – Obst – Kartoffeln – Äxte – Öl – Fischtran – Gerste – Salz – Hüte – Apfelsaft – Roggen – Hirse – Schnaps – Rinder – Schmalz – Zucker – Stiefel – Rosinen

Aufgabe 2: **a)** *Lies das Rezept genau durch. Notiere, was dir auffällt.*

Streuselkuchen

Hefeteig:
1 Suppenkelle Mehl
1 Schnapsglas Hefe
1 Becher Milch
1 Ei
1 Teelöffelspitze Salz
1 Trinkglas Zucker
1 Stückchen Butter

Streusel:
1 großes Stück Butter
1 Suppenkelle Mehl
2 Trinkgläser Zucker
Zimt
1 Handvoll Mandeln

____
____
____
____
____

b) *Erstelle zwei Rezeptkästen wie folgt und schreibe das Rezept mithilfe eines Koch- oder Backbuches genauer.*

________ Hefeteig: ________
____
____

________ Streusel: ________
____
____

Aufgabe 3: *Stell dir vor, du regierst ein Land und musst für dein Volk neue Maße festlegen. Welche Maße hättest du gefunden?*

________ ________ ________ ________ ________ ________

KOHL VERLAG Mit Maßeinheiten rechnen lernen – Mathe ganz praktisch – Bestell-Nr. 19 043

24 Umrechnungsraster Raummaße

Aufgabe 1: *Schneide die Umrechnungshilfe aus und benutze sie als Hilfe.*

1 m³ = 1000 dm³ = 1.000.000 cm³

1 dm³ = 1000 cm³ = 1.000.000 mm³

1 cm³ = 1000 mm³

1 dm³ = 1 Liter

1 Liter = 1000 ml

• 1000	• 1000	• 1000	• 1000
m³	dm³	cm³	mm³
: 1000	: 1000	: 1000	: 1000

1 Liter besteht aus **1000 cm³** – Würfelchen.

In der Breite sind es 10 Würfel, in der Länge 10 Würfel und in der Höhe sind es 10 Würfel, also:
10 • 10 • 10 = 1000 cm³

Aufgabe 2: *Rechne die Raummaße um.*

18 m³ 47 dm³ =	m³
6 m³ 3 dm³ =	m³
102 dm³ 5 cm³ =	dm³
766 dm³ 15 cm³ =	cm³
8 dm³ 89 cm³ =	dm³
87 dm³ 33 cm³ =	dm³
40 dm³ 9 cm³ 311 mm³ =	cm³
34 dm³ 97 cm³ 778 mm³ =	cm³
50 m³ 881 cm³ =	dm³
11 m³ 55 dm³ =	m³
485 dm³ 3 cm³ =	dm³
16 m³ 9 dm³ =	dm³
8 dm³ 46 cm³ =	m³
8 m³ 8 dm³ 200 cm³ =	dm³

Mit Maßeinheiten rechnen lernen
Mathe ganz praktisch – Bestell-Nr. 19 043
KOHL VERLAG

25 Raummaße im Haushalt

> **Info**
>
> 1 Liter (L) = ½ + ½ Liter (L)
> 1 Liter = 4/4 Liter
> ½ Liter = ¼ + ¼ Liter
> ¼ Liter = ⅛ + ⅛ Liter
> 2/4 Liter = ¼ + ¼ Liter
> ¾ Liter = ¼ + ¼ + ¼ Liter

Aufgabe 1: *Fülle die Kanne mit der angegebenen Wassermenge. Zeichne ein.*

Aufgabe 2: *Wie viele Liter sind es? Rechne aus.*

a) Jens gießt Wasser aus 3 Flaschen zu je ¾ Liter in einen Eimer =________ L

b) Er gießt 16-mal eine Tasse von ¼ Liter in einen Topf =________ L

c) Er schüttet 4-mal die Hälfte eines 1 Liter Bechers in einen Eimer =________ L

d) Aus einer Kanne von 8 Litern leert er ¼ Liter aus. =________ L

e) In eine Wanne gießt er 5 Eimer mit je 8 Litern hinein. =________ L

f) In ein Fass mit 80 Litern lässt er 6 Liter mehr als die Hälfte ein. =________ L

g) In eine Kanne gießt er 14 Tassen zu je ⅛ Liter hinein. =________ L

h) Bei einem Geburtstag werden 20 Gläser zu je ¼ Liter getrunken. =________ L

Aufgabe 3: *Passen die einzelnen Getränke in den Bowletopf?*

Bowletopf = 3 dm^3

1,2 l Aprikosensaft 0,9 l Wasser 500 cm^3 Früchte 0,5 l Traubensaft

Antwort: ______________________________

____

Mit Maßeinheiten rechnen lernen – Bestell-Nr. 19 043
Mathe ganz praktisch
KOHL VERLAG

Raummaße im Haushalt

Aufgabe 4: *Lies die Texte sorgfältig, rechne aus und schreibe einen Antwortsatz.*

a) Ein Eimer enthält 8 Liter Wasser.

- Wie viele ⅛ L-Gläser brauchst du, um den Eimer zu füllen?

___

- Wie viel Zeit brachst du, wenn ein Füllvorgang 12 Sekunden dauert?

___

b) Mutter schüttet ⅜ L Milch aus einer 1-Liter-Flasche. Wie viele Liter Milch bleiben in der Flasche übrig?

___

Aufgabe 5: *Wie viele Liter Getränke braucht Familie Braun in einer Woche, wenn jeder täglich Folgendes trinkt:*

Mutter Braun: 1,5 l Wasser + ¼ l Apfelsaft + ⅛ l Wein + 0,5 l Kaffee
Vater Braun: 2,5 l Wasser + 0,5 l Bier + ¼ l Kaffee
Ingo: 1 l Wasser + 0,5 l Apfelsaft + ¼ l Tee
Elke: 1 l Wasser + ¼ l Tee + ¼ l Apfelsaft
Klein-Susanne: 0,5 l Wasser + ¼ l Früchtetee

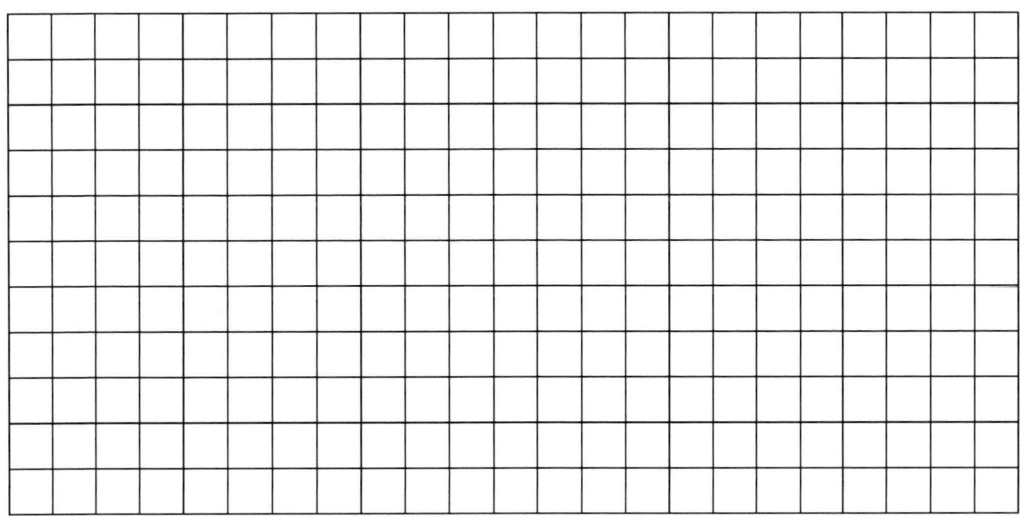

___

KOHL VERLAG Mit Maßeinheiten rechnen lernen Mathe ganz praktisch – Bestell-Nr. 19 043

26 Umrechnungen von Liter und Milliliter

Aufgabe 1: *Ordne gleiche Mengen durch Verbindungsstriche zu.*

⅛ l	500 ml
½ l	1000 ml
¾ l	125 ml
1 l	250 ml
¼ l	750ml

Info

1 Liter (L) = 1000 Milliliter (ml)
½ L = 500 ml oder 0,5 L
¼ L = 250 ml oder 0,25 L
⅛ L = 125 ml oder 0,125 L
¾ L = 750 ml oder 0,75 L

Aufgabe 2: **a)** *Besorge dir ein Gefäß, in das ½ Liter Wasser passt. Fülle es mit Wasser und miss andere Gefäße damit. Welche Gefäße können ½ Liter Wasser fassen? Schreibe mindestens 3 Gefäße auf.*

____

____

b) *Führe die Aufgabe nun mit einem Gefäß durch, das ¼ Liter fasst. Welche Gefäße können ¼ Liter Wasser fassen? Schreibe mindestens 3 Gefäße auf.*

____

____

Aufgabe 3: *Rechne in Milliliter um.*

a) 1,0 L = _______ ml	**e)** 0,1 L = _______ ml	**i)** 0,17 L = _______ ml
b) 5,0 L = _______ ml	**f)** 0,66 L = _______ ml	**j)** 3,7 L = _______ ml
c) 3,5 L = _______ ml	**g)** 0,875 L = _______ ml	**k)** 0,01 L = _______ ml
d) 4,75 L = _______ ml	**h)** 0,230 L = _______ ml	**l)** 0,99 L = _______ ml

Aufgabe 4: *Rechne in Liter um.*

a) 4500 ml = _______ L	**e)** 1250 ml = _______ L	**i)** 4999 ml = _______ L
b) 3333 ml = _______ L	**f)** 57 ml = _______ L	**j)** 37 ml = _______ L
c) 8600 ml = _______ L	**g)** 130,78 ml = _______ L	**k)** 4 ml = _______ L
d) 620 ml = _______ L	**h)** 708 ml = _______ L	**l)** 99 ml = _______ L

KOHL VERLAG Mit Maßeinheiten rechnen lernen
Mathe ganz praktisch – Bestell-Nr. 19 043

Liter-Milliliter-Puzzle

Aufgabe 1: *Schneide die Karten aus und lege die 5 passenden Karten nebeneinander aus.*

$\frac{1}{4}$ l	1 l $\frac{3}{4}$ l $\frac{1}{2}$ l $\frac{1}{4}$ l $\frac{1}{8}$ l	0,5 l
0,125 l	0,75 l	1,0 l
ein halber Liter	$\frac{3}{4}$ l	250 ml
1 l $\frac{3}{4}$ l $\frac{1}{2}$ l $\frac{1}{4}$ l $\frac{1}{8}$ l	1000 ml	1 l $\frac{3}{4}$ l $\frac{1}{2}$ l $\frac{1}{4}$ l $\frac{1}{8}$ l
750 ml	1 l $\frac{3}{4}$ l $\frac{1}{2}$ l $\frac{1}{4}$ l $\frac{1}{8}$ l	ein achtel Liter
0,25 l	ein viertel Liter	$\frac{1}{2}$ l
ein Liter	$\frac{1}{8}$ l	1 l $\frac{3}{4}$ l $\frac{1}{2}$ l $\frac{1}{4}$ l $\frac{1}{8}$ l
drei viertel Liter	1 l	125 ml
	500 ml	

28 Kleine Raummaße

Die kleinen Maße benutzt man heute noch in der Medizin, bei Schnapsgläsern oder Kosmetika.

Früher, als man die kleinen Maße noch nicht hatte, gab man kleine Mengen als Fingerhut voll oder als Löffelchen voll an.

Info

1 Liter (L) = 10 Deziliter (dl)
1 L = 10 dl
1 Liter (L) = 100 Zentiliter (cl)
1 L = 100 cl
1 Liter (L) = 1000 Kubikzentimeter (ccm/cm^3)
1 L = 1000 ccm / cm^3
1 Deziliter (dl) = 10 Zentiliter (cl)
1 dl = 10 cl
1 Deziliter (dl) = 100 Kubikzentimeter (ccm / cm^3)
1 dl = 100 ccm / cm^3
1 Zentiliter (cl) = 10 Milliliter (ml)
1 cl = 10 ml
1 Zentiliter (cl) = 10 Kubikzentimeter (ccm / cm^3)
1 cl = 10 ccm

Aufgabe 1: *Welche Maße könnten zu den folgenden Gegenständen passen?*

12 L – 4 cm^3 – 20 cm^3 – $\frac{1}{5}$ L – 3/4 L – 100 cm^3 – $\frac{1}{8}$ L – 8 L

Schnapsglas: __________ Tasse: __________ Gießkanne: __________

Hustensaftflasche: __________ Eimer: __________ Fingerhut: __________

Joghurtbecher: __________ Espressotasse: __________

Aufgabe 2: *Rechne um.*

a) 5 dl = ________ cm^3
b) 6,5 dl = ________ cm^3
c) 500 cm^3 = ________ dl
d) 4 • 150 cm^3 = ________ cl
e) 3,5 L = ________ dl
f) 6 L = ________ cl

g) 4 cl = ________ cm^3
h) 80 cm^3 = ________ cl
i) 240 cm^3 : 4 = ________ cl
j) 260 cm^3 = ________ dl
k) 4 L = ________ cl
l) 700 cl = ________ L

Aufgabe 3: *Mutter hat für die Fahrt der Jugendgruppe Erbsensuppe gekocht. Am 1. Tag werden 4 Liter und 8 Deziliter gegessen. Am 2. Tag essen sie 6 Liter 5 Deziliter. Den Rest von 4 Litern und 7 Dezilitern schütten sie weg, weil die Suppe sauer geworden ist. Wie viele Liter Suppe hatte die Mutter gekocht?*

____

29 Große Raummaße

Aufgabe 1: *Unterstreiche die Gegenstände, für die das Maß hl verwendet wird.*

Mülltonne – Regenfass – Teich – Flasche – See – Tasse – Teekanne – Badewanne – Schwimmbecken – Bierfass – Holzbottich – Ölfass – Obstkorb – Weinfass – Kochtopf – Wasserkocher – Becher – Waschmaschine – Planschbecken – Wasserkessel – Eimer – Kaffeemaschine – Teerfass – Essigfass – Messbecher – Gießkanne

Info

1 Hektoliter (hl) = 100 Liter (L)
1 hl = 100 L

Ein Wassereimer fasst 10 L Wasser.

Schüttet man 10 gefüllte Eimer in ein Fass oder einen Bottich, dann sind das 100 Liter oder 1 Hektoliter Wasser:

10 Eimer • 10 Liter = 100 Liter

Aufgabe 2: *Rechne um.*

a) 3 hl = _______ L
b) 6,5 hl = _______ L
c) 3½ hl = _______ L
d) 8,2 hl = _______ L
e) 7,6 hl = _______ L

f) 1200 L = _______ hl
g) 3600 L = _______ hl
h) 800 L = _______ hl
i) 2050 L = _______ hl
j) 30 L = _______ hl

Aufgabe 3: *Viele Fässer. Rechne aus.*

a) Essigfass 2,5 hl = _______ L
b) Rotweinfass 5 hl = _______ L
c) Weißweinfass 4,5 hl = _______ L
d) Ölfass 150 L = _______ hl
e) Regenfass 300 L = _______ hl

f) Teerfass 240 L = _______ hl
g) Jauchefass 2500 L = _______ hl
h) Farbfass 100 L = _______ hl
i) Mostfass 4,5 L = _______ hl
j) Bierfass 50 L = _______ hl

Aufgabe 4: *Fülle bis zum nächsten ganzen Hektoliter auf.*

a) 170 L + _______ L = _____ hl
b) 590 L + _______ L = _____ hl
c) 402 L + _______ L = _____ hl

d) _______ L + 535 L = _____ hl
e) _______ L + 888 L = _____ hl
f) _______ L + 902 L = _____ hl

Aufgabe 5: *Aus einem Regenfass wird die Hälfte ausgeschüttet. Wie viele Liter befinden sich noch in dem Fass?*

____

____

Mit Maßeinheiten rechnen lernen
Mathe ganz praktisch – Bestell-Nr. 19 043
KOHL VERLAG

30 Luftraummaße

Nicht nur Flüssigkeiten können sich in Behältern befinden, sondern auch Luft. Einige Beispiele: Fahrradschläuche, Zimmer, Lungen, leere Kartons.

Info

Luft wird in **Volumen** oder **Rauminhalt** gemessen:

a • b • c

a ist die Länge
b ist die Breite
c ist die Höhe

eines Gegenstandes.

Beispiel:

Wie viel Luft ist in einem Karton, der 4 cm lang, 6 cm breit und 5 cm hoch ist?

4 cm • 6 cm • 5 cm = 120 cm^3

Aufgabe 1: *Nenne mindestens noch 4 Dinge, in denen sich Luft befindet.*

____

____

____

____

____

Aufgabe 2: *Berechne die Rauminhalte. Achte auf die Maßeinheiten.*

a) Lagerraum: 12 m – 8 m – 4 m = ________ m^3

b) Wohnzimmer: 5,50 m – 5 m – 2,50 m = ________ m^3

c) Wartesaal: 28 m – 16 m – 8 m = ________ m^3

d) Küche: 4 m – 2,50 m – 2,50 m = ________ m^3

e) Umzugskarton: 1,20 m – 0,60m – 0,80m = ________ cm^3

f) Kleine Schachtel: 5 cm – 1,5 cm – 1,2 cm = ________ cm^3

g) Geschenkkarton: 0,30 m – 0,40 m – 0,70 m = ________ cm^3

Aufgabe 3: *Menschen und Tiere brauchen Atemluft. Bei jedem Atemzug füllen sich die Lungen mit ungefähr ½ Liter Luft. In der Minute atmen wir 15-mal. Berechne die Luftmenge.*

In 1 Minute = ________ L

In 5 Minuten = ________ L

In 24 Stunden = ________ L

In 3 Stunden = ________ L

In 10 Minuten = ________ L

In 30 Minuten = ________ L

Aufgabe 4: *Ein Mensch braucht ungefähr 8 m^3 Raumluft. Welche Räume sind für 3 Leute ausreichend? Unterstreiche.*

Wohnzimmer 50 m^3 – Gartenhaus 15 cm^3 – Kellerraum 20 m^3 – Zelt 32 m^3

Wohnmobil 28 m^3 – Partyraum 120 m^3 – Gäste-WC 7,5 m^3 – Flur 5,6 m^3

KOHL VERLAG Mit Maßeinheiten rechnen lernen
Mathe ganz praktisch – Bestell-Nr. 19 043

31 Malen nach Zahlen

Aufgabe 1: **a)** *Finde die passenden Maße im Bild. Sie sind in anderen Einheiten angegeben. Male diese Felder in den entsprechenden Farben aus.*

- Wandle in eine kleinere Einheit um (cm^3) und male <u>hellgrün</u> aus:

  0,001 dm^3; 0,005 dm^3; 0,022 dm^3; 0,023 dm^3; 0,024 dm^3; 0,006 dm^3; 0,01 dm^3; 0,011 dm^3; 0,018 dm^3; 0,014 dm^3; 0,016 dm^3; 0,02 dm^3; 0,019 dm^3; 0,013 dm^3; 0,012 dm^3; 0,026 dm^3; 0,027 dm^3; 0,028 dm^3; 0,03 dm^3; 0,032 dm^3; 0,033 dm^3

- Verwandle in cm^3 und male <u>braun</u> aus:

  100 mm^3; 400 mm^3; 1300 mm^3; 300 mm^3; 800 mm^3; 900 mm^3; 2700 mm^3; 1200 mm^3; 200 mm^3; 500 mm^3; 1100 mm^3; 1800 mm^3; 3900 mm^3; 700 mm^3; 600 mm^3

- Verwandle in dm^3 und male <u>grau</u> aus:

  34.000 cm^3; 36.000 cm^3; 37.000 cm^3; 35.000 cm^3; 38.000 cm^3; 39.000 cm^3; 40.000 cm^3

- Verwandle in m^3 und male <u>rot</u> aus:

  7000 cm^3; 3000 cm^3; 21.000 cm^3; 2000 cm^3; 29.000 cm^3; 8000 cm^3; 25.000 cm^3; 7500 cm^3; 9000 cm^3; 2500 cm^3; 1500 cm^3; 15.000 cm^3; 8500 cm^3; 31.000 cm^3; 100.000 cm^3; 125.000 cm^3; 17.000 cm^3; 4000 cm^3

- Verwandle in dm^3 und male <u>gelb</u> aus:

  0,09 m^3; 0,08 m^3; 0,05 m^3; 0,06 m^3; 0,07 m^3; 0,11 m^3

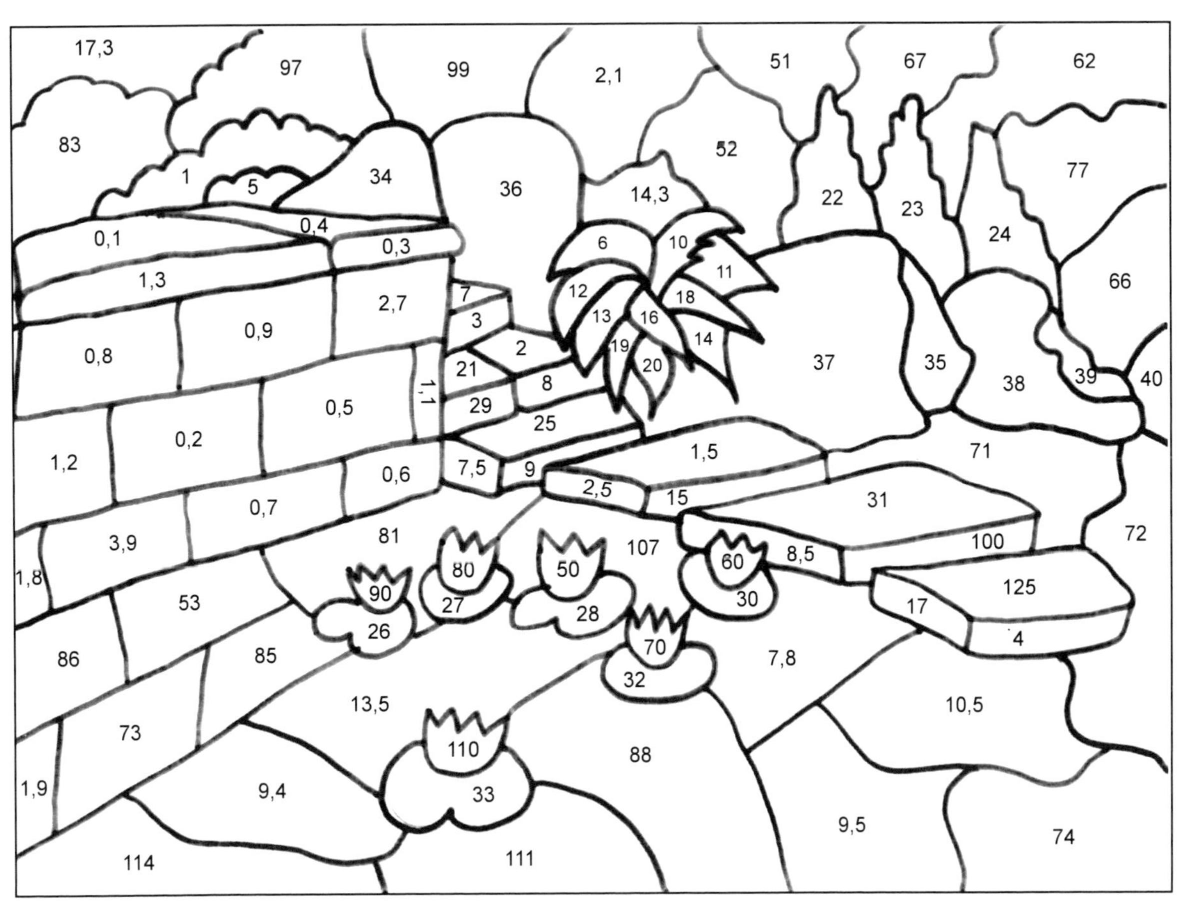

Mit Maßeinheiten rechnen lernen
Mathe ganz praktisch – Bestell-Nr. 19 043
KOHL VERLAG

32 Textaufgaben III

<u>Aufgabe 1</u>: *Lies den Text der Aufgabe und die Fragen. Entscheide dann, welche Fragen du mittels des Textes beantworten kannst. Kreuze dementsprechend ein (J) für Ja oder ein (N) für Nein an.*

> 24 Kinder und 2 Lehrer feiern eine Klassenparty. 10 von den Kindern sind Mädchen. Jedes Mädchen trinkt ¼ Liter Limo. Jeder Erwachsene trinkt doppelt so viel Limo.

	Ja	Nein	
a)		○	Wie viele Jungen sind in der Klasse?
b)	○	○	Wie viel Limo trinken alle Mädchen?
c)	○	○	Wie viele Jungen trinken keine Limo?
d)	○	○	Wie viel trinkt 1 Erwachsener?
e)	○	○	Wie viel trinken beide Erwachsene?
f)			Wie teuer ist ¼ Liter Limo?
g)			Wie viel kostet die Party?
h)			Reichen 5 Liter Limo für die Party?
i)			Wie viel Limo braucht man für die Mädchen?
j)			Wie viel Limo braucht man für die Jungen?

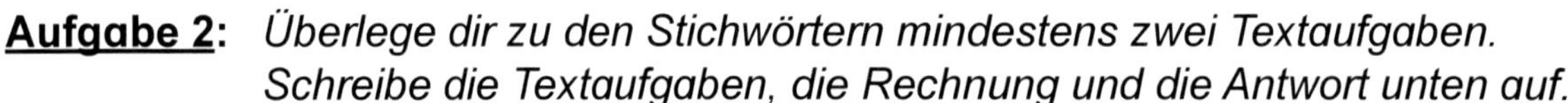

<u>Aufgabe 2</u>: *Überlege dir zu den Stichwörtern mindestens zwei Textaufgaben. Schreibe die Textaufgaben, die Rechnung und die Antwort unten auf.*

> Limokasten - 12 Flaschen - 0,75m³ Inhalt - Preis - Pfandgeld - 36 Gäste

1. ______________________________

____

____

____

2. ______________________________

____

____

____

3. ______________________________

____

____

____

KOHL VERLAG Mit Maßeinheiten rechnen lernen
Mathe ganz praktisch • Bestell-Nr. 19 043

32 Textaufgaben III

Aufgabe 3: *Schreibe eine passende Textaufgabe zu jedem Textfeld.*

a)

Text: ______________________________

____

____

Frage: Wie viele Milliliter Apfelsaft entstehen?
Rechnung: 1 L Wasser + 30 ml Apfelsirup = 1030 ml
Antwort: Es entstehen 1030 ml Apfelsaft.

b)

Text: ______________________________

____

____

Frage: Wie viel Heizöl hat Familie Scholten jetzt im Tank?
Rechnung: 3000 L + 1250 L = 4250 L
Antwort: Insgesamt hat Familie Scholten 4250 L Heizöl im Tank.

c)

Text: ______________________________

____

____

Frage: Reicht die 1-Liter-Flasche Milch aus?
Rechnung: ¼ L + ¼ L + ¼ L + ¼ L = 4/4 L = 1 L
Antwort: Die 1-L-Flasche Milch reicht für die 4 Gläser aus.

Aufgabe 4: *Übertrage die folgenden Textaufgaben in dein Heft. Lies sie dann sorgfältig durch und berechne sie. Schreibe einen Antwortsatz.*

a) Malte muss Hustensaft nehmen. Jeden Tag nimmt er 3-mal einen Kaffeelöffel voll. Auf einen Kaffeelöffel gehen 5 cm^3 an Saft. Die Flasche enthält 150 cm^3. Wie viele Tage reicht die Flasche?

b) Ein Fischbecken hat die Länge von 5 m, die Breite von 3 m und die Höhe von 2 m. Welches Volumen hat das Fischbecken? In 5 Minuten läuft 0,5 m^3 Wasser ab. Wie lange dauert es, bis das Fischbecken leer ist?

c) Aus 1 Liter Schlagsahne wird ¼ kg Butter hergestellt. Die Buttermaschine fasst 60 Liter Sahne. Wie viel Butter kann aus einer Füllung hergestellt werden?

Mit Maßeinheiten rechnen lernen
Mathe ganz praktisch – Bestell-Nr. 19 043

33 Alte und neue Gewichte

Als die Menschen noch Tauschhandel betrieben, wurden nur einige Waren gewogen. Man tauschte drei gut gefütterte Schweine gegen eine Kuh oder mehrere Heuballen gegen ein Schaf.
Manche Waren wie z.B. Getreide, Obst oder Fleisch wurden gewogen. Es gab Gewichtssteine aus Stein und Schiebewaagen. Die Gewichte wurden Lot, Unze, Gran und Quäntchen genannt. Deutschland war in viele kleine Fürstentümer aufgeteilt und jedes Fürstentum hatte eigene Gewichtsbezeichnungen.

Aufgabe 1: *Welche Waren konnte oder brauchte man nicht mit den alten Gewichten wiegen? Unterstreiche.*

Schafskäse – Fernseher – Bienenhonig – Gerste – Kochsalz – Obst – Ochsenfleisch – Waschmaschine – Kartoffeln – Weizen – Schmalz – Butter – Hühner – Roggen – Kuh – Pferd – Schwert – Gans – Handy – Mais - Gänseeier – Mehl – Brot – Cornflakes – Erbsen – Hirse – Sense

Aufgabe 2: *Welche der unten gegenüberliegenden Tauschgüter waren beim Tauschhandel schwerer? Kreuze an.*

1 Eimer Milch	1 Sack Kartoffeln
6 Stücke Butter	3 Hühner
1 Pferd	3 Ballen Heu
1 Kuh	3 Schafe
1 Fass Schmalz	1 Sack Haselnüsse
2 Mastgänse	1 Sack Mais

Später einigte man sich auf feststehende Gewichte, die in ganz Deutschland galten und heute noch gelten.

Aufgabe 3:

Schneide die Umrechnungshilfe aus und benutze sie als Hilfe.

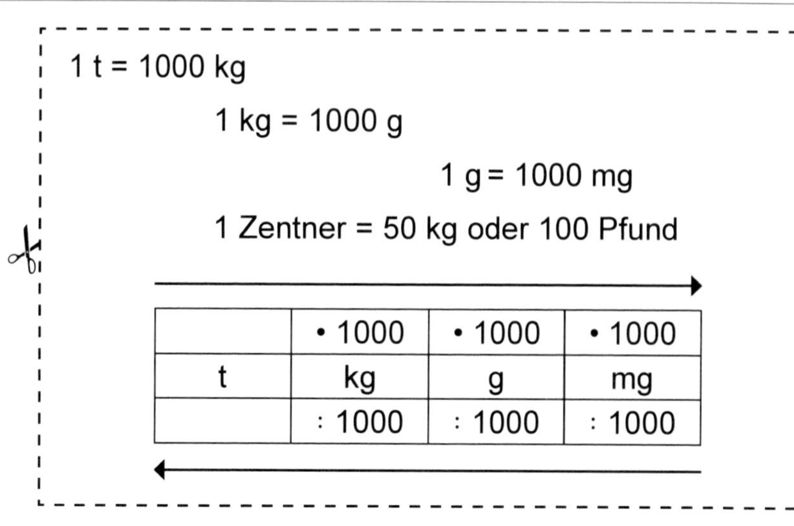
1 t = 1000 kg

1 kg = 1000 g

1 g = 1000 mg

1 Zentner = 50 kg oder 100 Pfund

	• 1000	• 1000	• 1000
t	kg	g	mg
	: 1000	: 1000	: 1000

Mit Maßeinheiten rechnen lernen – Bestell-Nr. 19 043
Mathe ganz praktisch
KOHL VERLAG

34 Umwandlungen

<u>Aufgabe 1</u>: *Rechne die Aufgaben. Male jedes Lösungsfeld mit dem Ergebnis mit rotem Buntstift aus. Wenn du alle Ergebnisse richtig hast, erhältst du ein Bild.*

4 kg 45 g	=	g		40 t 3 kg	=	kg
3 kg 224 g	=	g		4 t 3 g	=	g
5 g 675 mg	=	mg		2 kg 50 mg	=	mg
244 kg 15 g	=	g		3 Zt 52 kg	=	kg
2 g 10 mg	=	mg		2 Zt 5 kg	=	kg
67 t 200 kg	=	kg		36 kg 1 g	=	g
3 t 5 kg	=	kg		23 t 4 kg	=	kg
483 g 84 mg	=	mg		891 kg 70 g	=	g
345 kg 100 g	=	g		32 g 6 mg	=	g
6 g 905 mg	=	mg		604 g 25 mg	=	mg

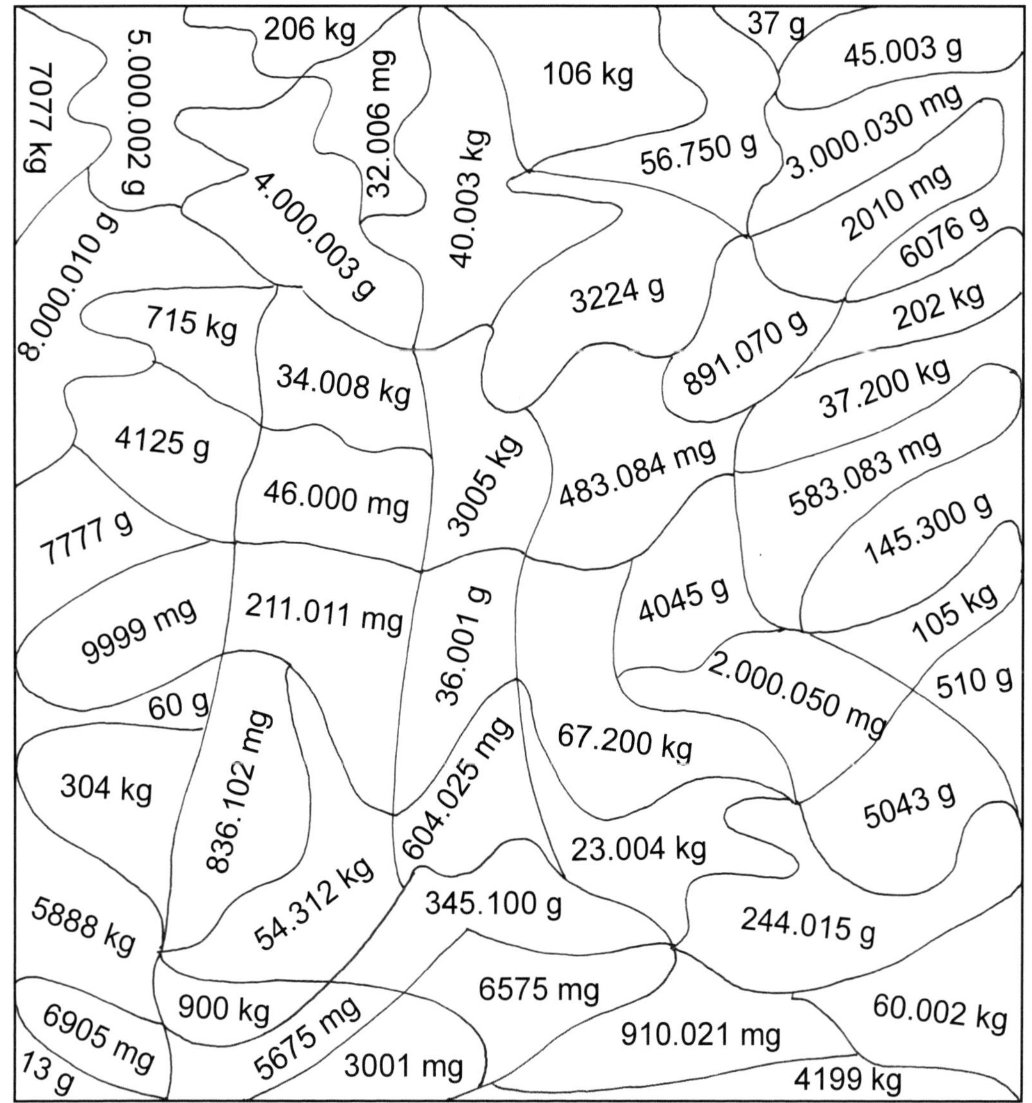

KOHL VERLAG Mit Maßeinheiten rechnen lernen
Mathe ganz praktisch – Bestell-Nr. 19 043

35 Triominos

Aufgabe 1: *Schneide die Dreiecke aus und lege passende Seiten aneinander.*

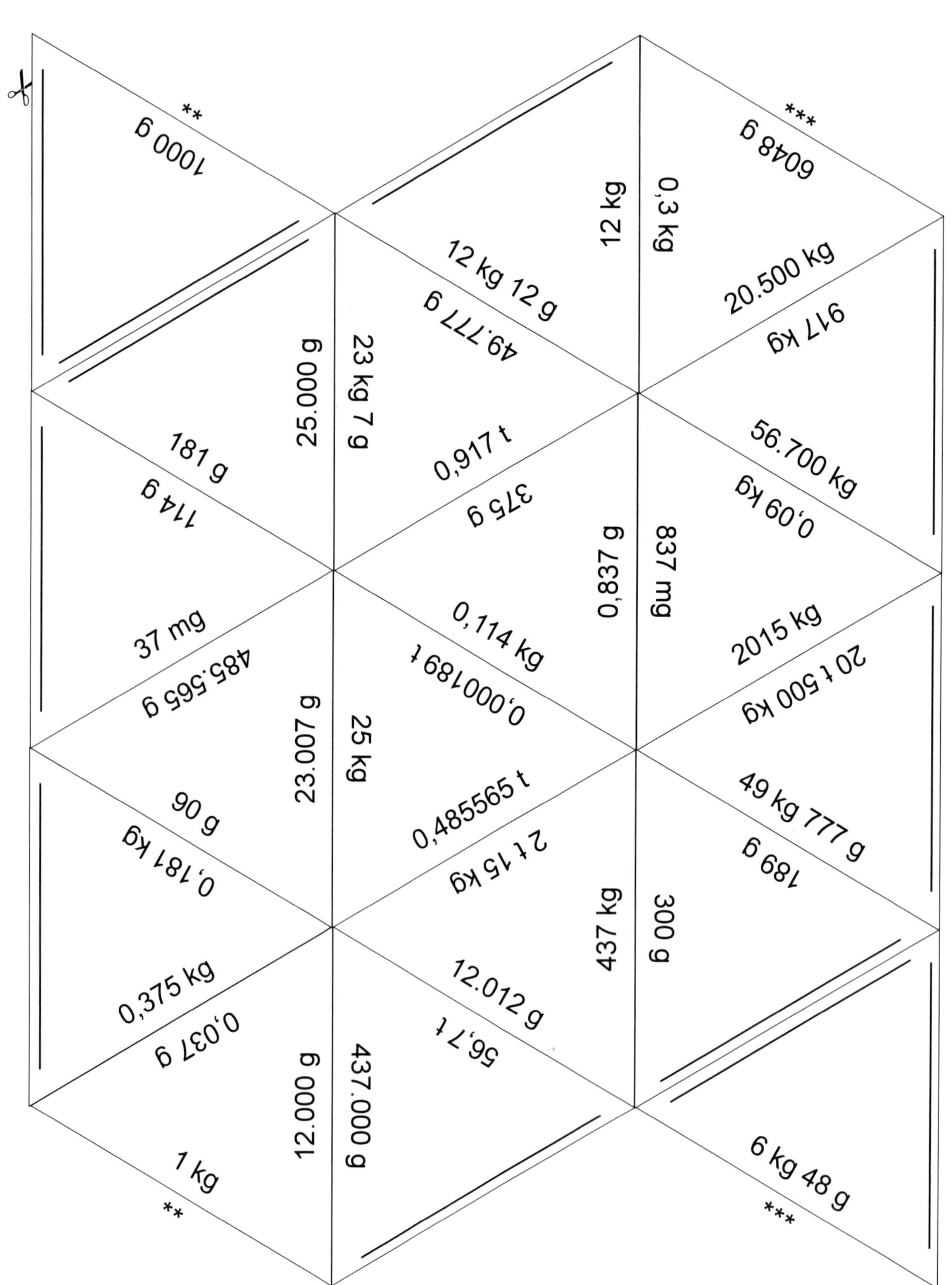

KOHL VERLAG
Mit Maßeinheiten rechnen lernen
Mathe ganz praktisch – Bestell-Nr. 19 043

36 Für Tüftler

Aufgabe 1: *Löse die drei Probleme. Schreibe deine Lösungen auf.*

A

Von den sieben Kugeln ist eine schwerer als die anderen.

Malte meint, daß er höchstens zweimal wiegen muss, um die eine Kugel heraus zu bekommen, die schwerer ist.

Geht das?

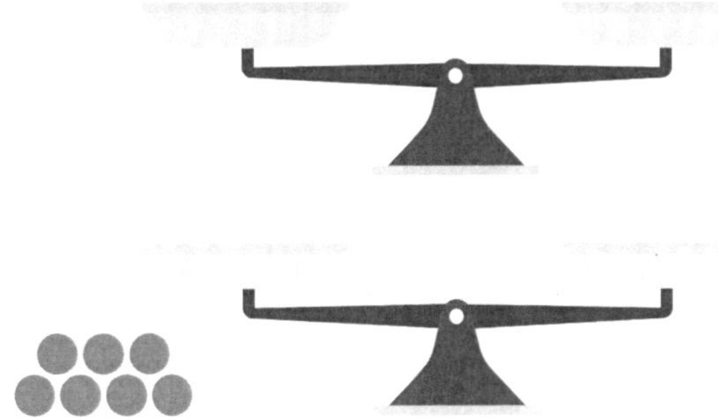

Meine Lösungsidee: ______________________________

____

____

____

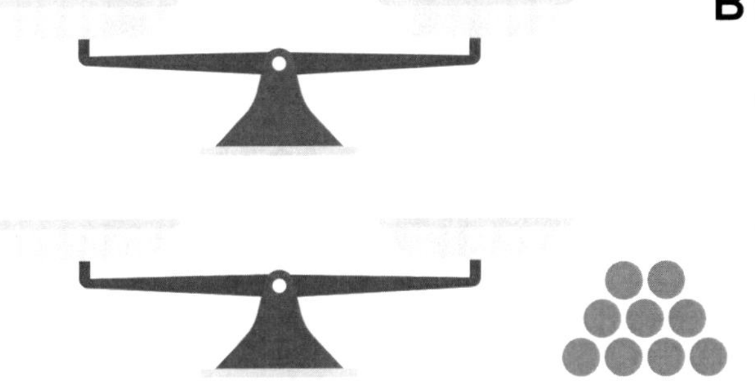

B

Neele hat neun Kugeln, von denen eine schwerer als die anderen ist.

Sie meint, daß sie auch nur zweimal wiegen muss, um die schwerere zu finden.

Ob das wahr ist?

Meine Lösungsidee: ______________________________

____

____

____

C

Moritz hat 27 Kugeln. Eine Kugel ist schwerer als die anderen.

Er meint, daß er nur dreimal wiegen muss, um die schwerere Kugel zu finden.

Kann das sein?

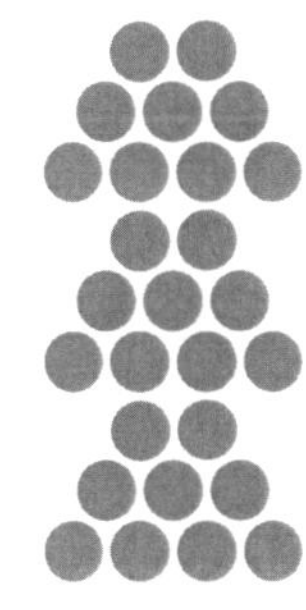

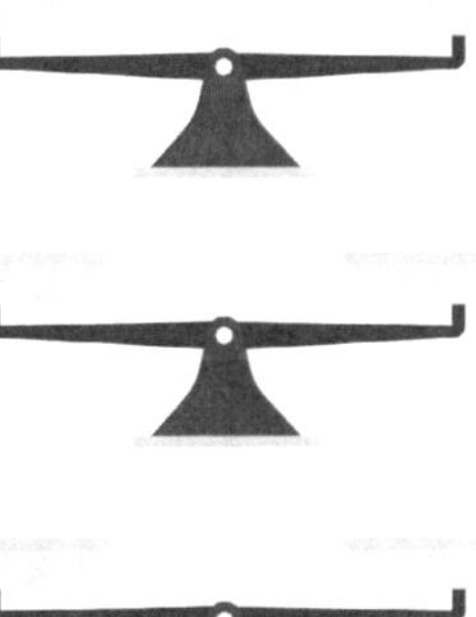

Meine Lösungsidee: ______________________________

____

____

KOHL VERLAG Mit Maßeinheiten rechnen lernen
Mathe ganz praktisch – Bestell-Nr. 19 043

37 Was ist ein dag?

In Österreich gibt es ein zusätzliches Gewicht. Die Gewichtsbezeichnung **dag** findest du z.B. in Rezepten. Die Abkürzung **dag** steht für **Dekagramm** (deka = zehn): **1 dag = 10 g**

Aufgabe 1: *Schneide die Dreiecke aus und lege passende Seiten aneinander.*

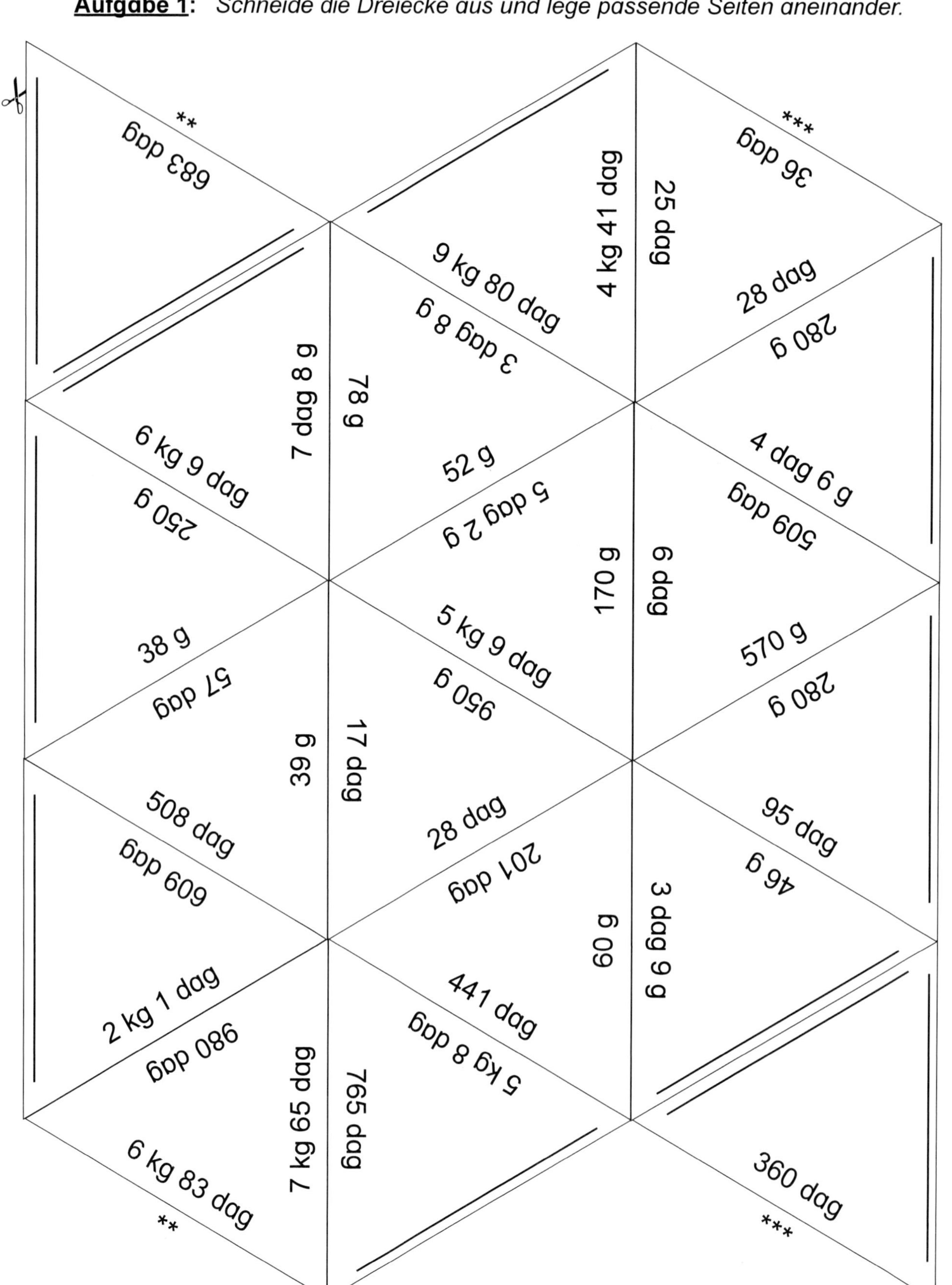

Mit Maßeinheiten rechnen lernen
KOHL VERLAG

38 Gewichtiges Memo-Spiel

Aufgabe 1: *Schneide die Memo-Spielkarten von diesem und dem nächsten Arbeitsblatt aus. Es gehören immer drei Karten zusammen. Spiele das Memo-Spiel mit einem oder zwei Partnern.*

4 kg 800 g	**1 kg 52 g**	**0 kg 780 g**
9 kg 665 g	**3 kg 431 g**	**4 kg 853 g**
3,631 kg	**9275 g**	**9665 g**
780 g	**3631 g**	**4800 g**

KOHL VERLAG Mit Maßeinheiten rechnen lernen Mathe ganz praktisch – Bestell-Nr. 19 043

38 Gewichtiges Memo-Spiel

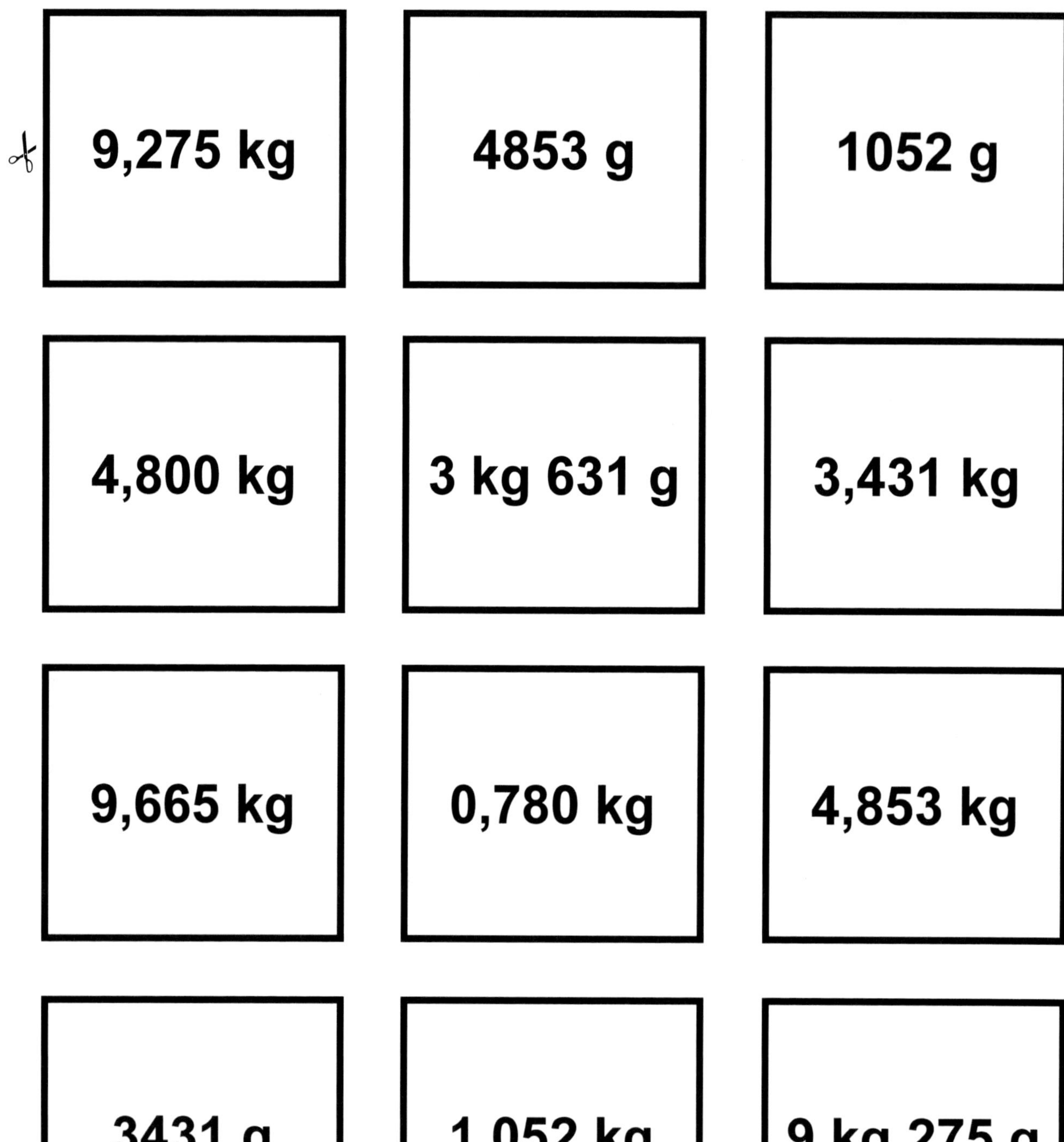

TIPPS:

- Klebe das Memo-Spiel auf Pappe auf, damit du es öfter spielen kannst.
- Fertige selbst noch weitere Karten an, damit du es mit einer größeren Gruppe spielen kannst.

Mit Maßeinheiten rechnen lernen
Mathe ganz praktisch – Bestell-Nr. 19 043
KOHL VERLAG

39 Addition und Subtraktion

Aufgabe 1: *Rechne die Aufgaben aus. Achte dabei auf die Maßeinheiten.*

0,099 t + 2 500 kg	=	kg	3,6 g – 450 mg	=	mg
0,004 kg + 3 g	=	g	7,5 kg – 1,2 kg	=	g
0,042 g + 42 mg	=	mg	40 g – 30 000 mg	=	mg
90 kg + 0,001 t	=	t	3 000 mg – 1,6 g	=	g
8 543 mg + 45 g	=	g	0,003 kg – 1,6 g	=	g
3 g + 3 mg	=	mg	0,98 g – 540 mg	=	mg
1 kg + 300 mg	=	g	0,078 t – 77 kg	=	kg
3,4 t + 3 400 kg	=	t	0,009 t – 5 000 g	=	kg
0,099 kg + 31 g	=	g	8,431 g – 7 596 mg	=	mg
540 kg + 340 g	=	g	6,630 t – 4 670 kg	=	t

Aufgabe 2: *Wiege mit der Haushaltswaage verschiedene Gegenstände.*

Gegenstand	Gewicht in Gramm (g)	Gewicht in Kilogramm (kg)
Bleistift	5 g	0,005 kg
Füller		
Mathebuch		

KOHL VERLAG
Mit Maßeinheiten rechnen lernen
Mathe ganz praktisch – Bestell-Nr. 19 043

Aufgabe 3: *Verbinde die zusammengehörenden Paare.*

a) 1754 g + 3 kg 9 g = O	O 62.666 g
b) 666 g + 62 kg = O	O 1.009.211 g
c) 4 kg + 132 g = O	O 2424 kg
d) 2 t + 424 kg = O	O 4763 g
e) 14 kg 24 g + 2 t = O	O 2.014.024 g
f) 2391 g + 1 t 2 kg = O	O 1.004.391 g
g) 1 t 6 kg + 3211 g = O	O 11.572 g
h) 2250 g + 9322 g = O	O 

Aufgabe 4: *Löse die Aufgaben und schreibe einen Antwortsatz. Welche Aufgabe kannst du nicht lösen?*

a) Linus war bei seiner Geburt nur 2250 g schwer. Er musste für zwei Wochen in den Brutkasten. Heute wiegt er genau 18-mal so viel. Wie viele kg wiegt Linus heute?

Antwort: ______________________________

b) Lisa wog bei ihrer Geburt mehr als Linus. Heute ist sie 10 Jahre alt. Wie viel kg wiegt Lisa jetzt?

Antwort: ______________________________

KOHL VERLAG Mit Maßeinheiten rechnen lernen
Mathe ganz praktisch • Bestell-Nr. 19 043

40 Textaufgaben IV

Aufgabe 1: *Vergleiche dein Gewicht bei deiner Geburt und heute.*

a) Heute bist du ________ g schwerer als bei deiner Geburt.

b) Heute bist du ________ mal so schwer wie bei deiner Geburt.

Aufgabe 2: *Lies den Text der Aufgabe und die Fragen. Entscheide dann, welche Fragen du mittels des Textes beantworten kannst. Kreuze dementsprechend ein (J) für Ja oder ein (N) für Nein an.*

> Ein Bus kann eine Last von 4 Tonnen laden. 38 Erwachsene fahren mit. Pro Fahrgast rechnet man ein durchschnittliches Gewicht von 80 kg.

	Ja	Nein	
a)			Wie viele Männer fahren mit?
b)			Wie viele Frauen fahren mit?
c)			Wie viel wiegen die Erwachsenen zusammen?
d)			Wie viele Fahrgäste darf der Bus mitnehmen?
e)			Wie viel Benzin verbraucht der Bus?
f)			Wie schwer ist der Bus?
g)			Dürften 50 Fahrgäste mitfahren?
h)			Wie viel kostet ein Fahrschein?
i)			Wie schwer sind Bus und Leute zusammen?
j)			Wie schwer sind die Räder des Busses?

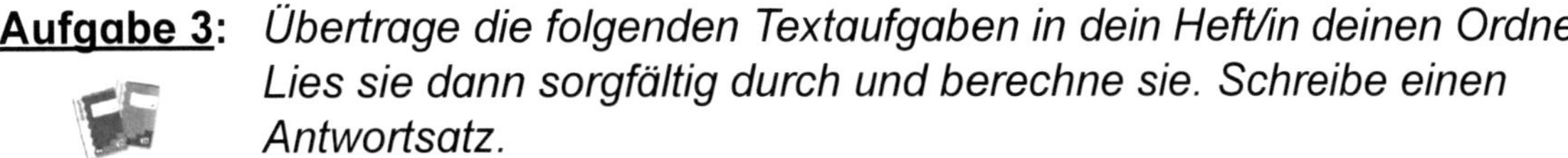

Aufgabe 3: *Übertrage die folgenden Textaufgaben in dein Heft/in deinen Ordner. Lies sie dann sorgfältig durch und berechne sie. Schreibe einen Antwortsatz.*

a) In einer Packung sind 30 Pralinen zu je 15 g. Welches Inhaltsgewicht steht auf der Packung?

b) In einem Zirkus stehen drei Elefanten auf einer Drehplatte. Die Elefanten wiegen zusammen 5 t 550 kg. Wie viel wiegt jeder Elefant im Durchschnitt? Die Drehplatte kann ein Gewicht von 7450 kg tragen. Wie schwer dürfte ein vierter Elefant sein?

c) Ein Panzer von 25 t Gewicht will eine Brücke überqueren. Ihm kommt ein LKW entgegen, der 6,5 t wiegt. Die Brücke hat eine Tragkraft von 31 t. Dürfen beide zur gleichen Zeit die Brücke überqueren?

Textaufgaben IV

Aufgabe 4: *Schreibe eine passende Textaufgabe zu jedem Textfeld.*

a)

Text: ______________________________

____

____

Frage: Wie viele Gramm Würfelzucker sind in der Zuckerdose?
Rechnung: 240 Stücke • 8 g = 1920 g
Antwort: In der Zuckerdose sind 1920 g Würfelzucker.

b)

Text: ______________________________

____

____

Frage: Wie viel wiegen alle Brötchen zusammen?
Rechnung: 8 Körbe • 50 Brötchen = 400 und 400 Brötchen • 25 g = 10.000 g
Antwort: Alle Brötchen zusammen wiegen 10.000 g oder 10 kg.

c)

Text: ______________________________

____

____

Frage: Wie viele Kilogramm Weizen bekommt die Mühle geliefert?
Rechnung: 12 Säcke • 65 kg = 780 kg
Antwort: Die Mühle bekommt insgesamt 780 kg Weizen geliefert.

Aufgabe 5: *Übertrage die Textaufgaben in dein Heft. Lies sie dann sorgfältig durch und berechne sie. Schreibe einen Antwortsatz.*

a) In einen Kuchen kommen folgende Zutaten: 1 kg Mehl, 400 g Zucker, 125 g Rosinen, 2 g Backpulver, 250 g Butter und 3 Eier zu je 6 g. Wie schwer ist der Teig?

b) Frau Müsig kauft für ihren Geburtstag Wurstaufschnitt ein. Sie erwartet 25 Personen und rechnet pro Gast 150 g Aufschnitt. Wie viel Wurstaufschnitt muss Frau Müsig kaufen?

c) Die Metzgerei Leuven schlachtet ein Schwein von 160 kg. Von dem Fleisch sind 20 kg Abfall. Von der Hälfte des verbleibenden Restes macht Metzger Müsig Wurst, die andere Hälfte wird als Fleisch im Laden verkauft. Wie viel Fleisch kommt in den Laden zum Verkauf?

d) Drei Mädchen wiegen zusammen 135 kg. Wie viel wiegt jede im Durchschnitt?

KOHL VERLAG Mit Maßeinheiten rechnen lernen – Mathe ganz praktisch – Bestell-Nr. 10 043

Übersicht zu allen Maßeinheiten

Zusatzinformationen

Längen

1 km = 1000 m

1 m = 10 dm = 100 cm = 1000 mm

1 dm = 10 cm = 100 mm

1 cm = 10 mm

	• 10	• 10	• 10	• 10	• 10	• 10
km	——	——	m	dm	cm	mm
	: 10	: 10	: 10	: 10	: 10	: 10

Umfang:

Quadrat

a + a + a + a = 4 • a

Rechteck

a + b + a + b = 2 • a + 2• b

Flächen

1 km² = 100 ha

1 ha = 100 a

1 a = 100 m²

1 m² = 100 dm² = 10.000 cm² = 1.000.000 mm²

1 dm² = 100 cm² = 10.000 mm²

1 cm² = 100 mm²

	• 100	• 100	• 100	• 100	• 100	• 100
km²	ha	a	m²	dm²	cm²	mm²
	: 100	: 100	: 100	: 100	: 100	: 100

Fläche:

Quadrat

a x a

Rechteck

a x b

Maßstäbe

Info

Große Flächen wie Sportplätze, Wohnungen, Waldgebiete oder Seen werden auf Plänen maßstabgerecht kleiner gezeichnet.

- Ein Maßstab 1:100 bedeutet: 1 cm auf dem Plan sind in Wirklichkeit 100 cm.
- Ein Maßstab von 1:50 bedeutet: 1 cm auf dem Plan sind in Wirklichkeit 50 cm.

Raummaße

1 m³ = 1000 dm³ = 1.000.000 cm³

1 dm³ = 1000 cm³ = 1.000.000 mm³

1 cm³ = 1000 mm³

1 dm³ = 1 Liter

1 Liter = 1000 ml

• 1000	• 1000	• 1000	• 1000
m³	dm³	cm³	mm³
: 1000	: 1000	: 1000	: 1000

1 hl = 100 l

Gewichte

1 t = 1000 kg

1 kg = 1000 g

1 g = 1000 mg

1 Zentner = 50 kg oder 100 Pfund

	• 1000	• 1000	• 1000
t	kg	g	mg
	: 1000	: 1000	: 1000

Mit Maßeinheiten rechnen lernen
Mathe ganz praktisch – Bestell-Nr. 19 043

41 Alte Münzen und Geldscheine

Münzen und Geldscheine hatten früher andere Bezeichnungen als heute. Alte Bezeichnungen sind Kreuzer, Dukaten, Goldmark, Pfennig oder Gulden. Das Geld hatte einen anderen Wert als heute. Ein Brot kostete 2 Kreuzer, ein paar neue Schuhe 12 Kreuzer. Vor 100 Jahren kostete ein Hühnerei ½ Pfennig. Auch unsere Deutsche Mark (DM) gehört seit der Einführung des Euro zu den alten Münzen und Geldscheinen.

Aufgabe 1: **a)** *Rechne den Einzelpreis aus.*

3 Pferde = 78 Gulden	1 Pferd kostete	Gulden
5 Kühe = 120 Gulden	1 Kuh kostete	Gulden
12 Schafe = 180 Gulden	1 Schaf kostete	Gulden
6 Ziegen = 42 Gulden	1 Ziege kostete	Gulden
2 Ochsen = 36 Gulden	1 Ochse kostete	Gulden
30 Tauben = 90 Gulden	1 Taube kostete	Gulden
8 Schweine = 104 Gulden	1 Schwein kostete	Gulden
3 Jagdhunde = 66 Gulden	1 Jagdhund kostete	Gulden
4 Hasen = 12 Gulden	1 Hase kostete	Gulden
8 Hühner = 32 Gulden	1 Huhn kostete	Gulden

b) *Rechne den Gesamtpreis aus.*

1 Brötchen = ½ Pfennig	12 Brötchen =	Pfennig
1 Roggenbrot = 3 Pfennig	4 Roggenbrote =	Pfennig
1 Hemd = 20 Pfennig	3 Hemden =	Pfennig
1 Kochtopf = 35 Pfennig	5 Kochtöpfe =	Pfennig
1 Säckchen Salz = 100 Pf.	2 Säckchen Salz =	Pfennig
1 Apfel = 2 Pfennig	12 Äpfel =	Pfennig
1 Topf Schmalz = 50 Pf.	2 Töpfe Schmalz =	Pfennig
1 Sack Kartoffeln = 80 Pf.	4 Säcke Kartoffeln =	Pfennig

Aufgabe 2: *Ein Feldarbeiter verdiente im Monat 400 Pfennig. Was konnte er von dem Geld alles kaufen?*

KOHL VERLAG Mit Maßeinheiten rechnen lernen Mathe ganz praktisch ▪ Bestell-Nr. 10 943

42 Euroscheine

Aufgabe 1: *Welche Euroscheine und Euromünzen gibt es wirklich? Male sie aus.*

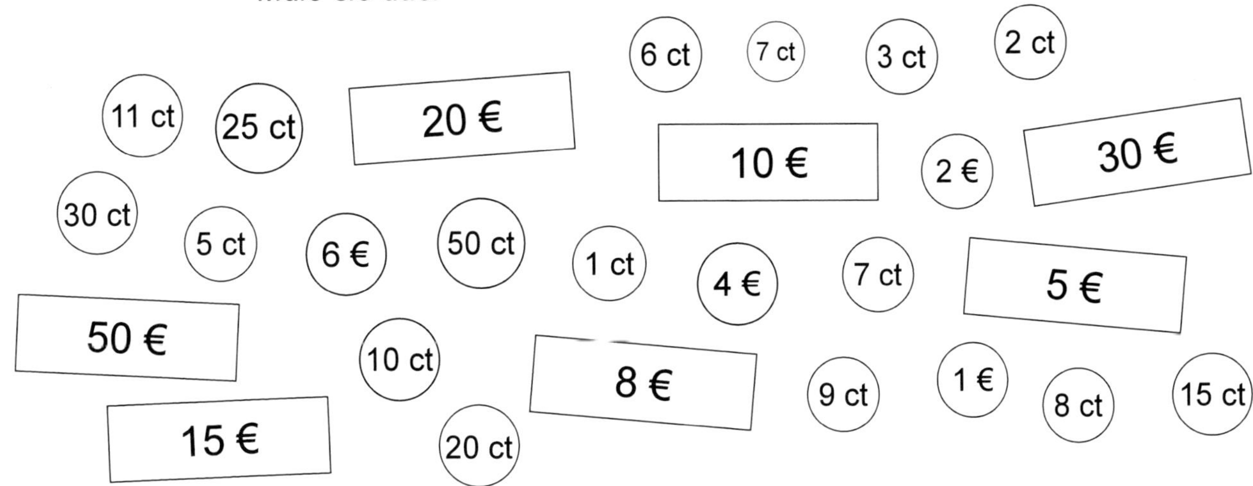

Aufgabe 2: *Bezahle mit 50-Euro-Scheinen.*

a) Anzug für 350 € = ☐ 50-€-Scheine

b) Fahrrad für 600 € = ☐ 50-€-Scheine

c) Waschmaschine für 950 € = ☐ 50-€-Scheine

d) Kühlschrank für 450 € = ☐ 50-€-Scheine

Aufgabe 3: *Wie viele Euro sind das zusammen?*

a) 8 • 200-€-Scheine =	☐ €	**e)** 13 • 20-€-Scheine =	☐ €
b) 12 • 100-€-Scheine =	☐ €	**f)** 35 • 5-€-Scheine =	☐ €
c) 5 • 500-€-Scheine =	☐ €	**g)** 16 • 10-€-Scheine =	☐ €
d) 20 • 50-€-Scheine =	☐ €	**h)** 3 • 1000-€-Scheine =	☐ €

Aufgabe 4: *Zähle die Geldsummen zusammen.*

a) 1 • 500-€-Schein + 2 • 200-€-Scheine + 3 • 50-€-Scheine = ☐ €

b) 4 • 100-€-Scheine + 7 • 5-€-Scheine + 12 • 200-€-Scheine = ☐ €

c) 9 • 10-€-Scheine + 20 • 100-€-Scheine + 6 • 5-€-Scheine = ☐ €

d) 5 • 50-€-Scheine + 3 • 200-€-Scheine + 8 • 20-€-Scheine = ☐ €

KOHL VERLAG
Mit Maßeinheiten rechnen lernen
Mathe ganz praktisch – Bestell-Nr. 19 043

43 Stellenwerttafel

Aufgabe 1: *Trage die Beträge in Scheinen und Münzen in die richtige Spalte der Tabelle ein.*

	Euroscheine							Euromünzen							
								Euro		Cent					
	500	200	100	50	20	10	5	2	1	50	20	10	5	2	1
135 € 73 ct			1x		1x	1x	1x			1x	1x			1x	1x
213 € 50 ct															
75 € 23 ct															
611€ 4 ct															
999 € 99 ct															
33 € 87 ct															
474 € 66 ct															
25 € 19 ct															
321 € 13 ct															
555 € 5 ct															
837 € 88 ct															
46 € 93 ct															
32 € 77 ct															
703 € 4 ct															
1002 € 9 ct															
2500 € 4 ct															
6000 € 2 ct															
90 € 5 ct															
10 000 €															
3 € 99 ct															
4567 € 20 ct															
3009 € 84 ct															
7777 € 77 ct															
9999 € 9 ct															
6 € 82 ct															
4312 € 76 ct															

KOHL VERLAG Mit Maßeinheiten rechnen lernen

44 Hexominos

Aufgabe 1: *Schneide die Hexominos aus und lege sie passend aneinander.*

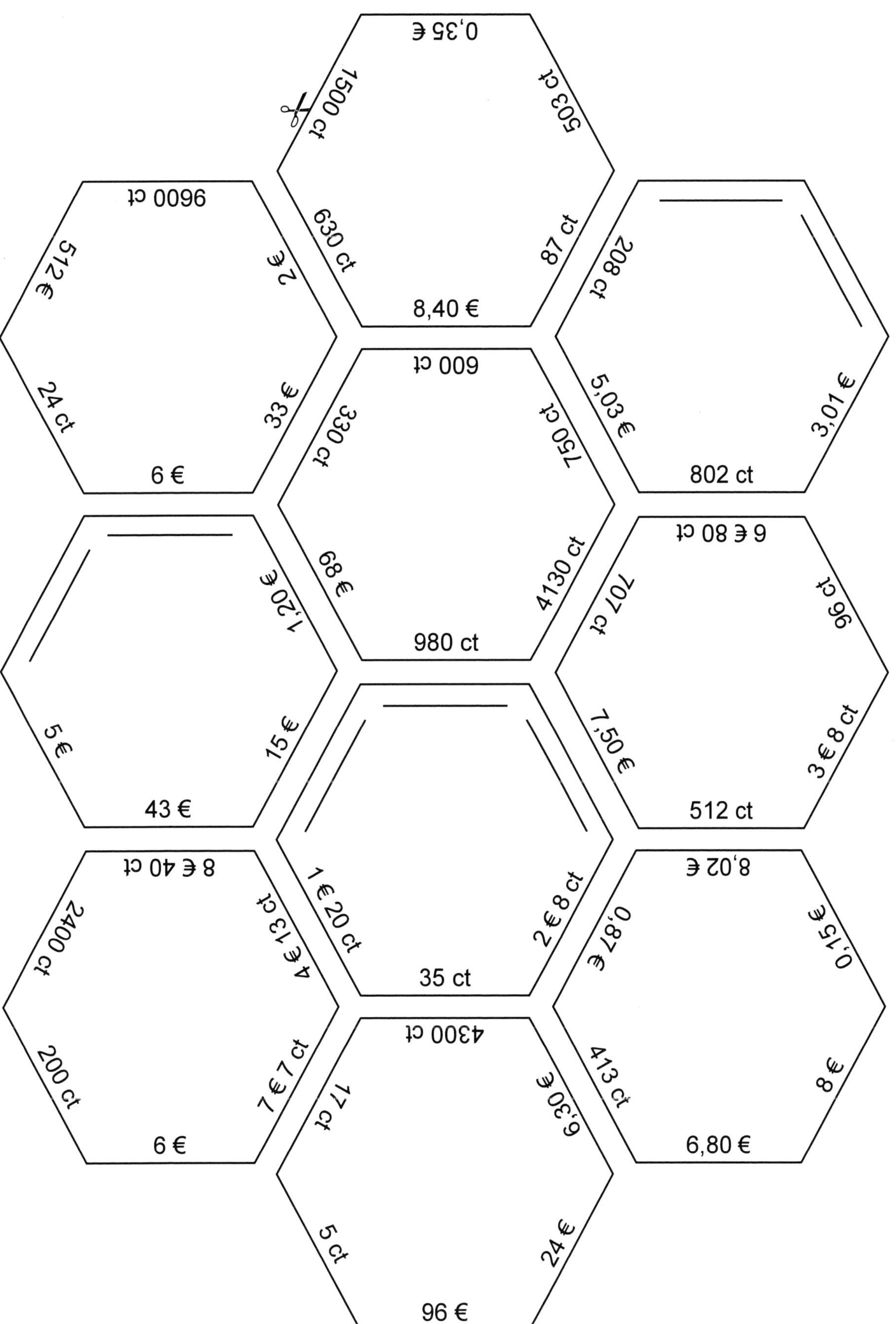

KOHL VERLAG Mit Maßeinheiten rechnen lernen Mathe ganz praktisch – Bestell-Nr. 19 043

45 Gemischtes

Geldbeträge kannst du auch mit <u>Komma</u> schreiben.

2 € 34 C = 2,37 €

Hier stehen die ganzen Euro.

Hier stehen die 10-Cent-Stücke.

Hier stehen die 1-Cent-Stücke.

<u>Aufgabe 1</u>: *Schreibe in Euro und Cent.*

a) 440 ct = ☐ € ☐ ct

b) 756 ct = ☐ € ☐ ct

c) 1480 ct = ☐ € ☐ ct

d) 5810 ct = ☐ € ☐ ct

e) 2805 ct = ☐ € ☐ ct

f) 9099 ct = ☐ € ☐ ct

<u>Aufgabe 2</u>: *Schreibe in Cent.*

a) 140 € = ☐ ct

b) 4350 € = ☐ ct

c) 1324 € = ☐ ct

d) 4 € 18 ct = ☐ ct

e) 18 € 55 ct = ☐ ct

f) 33 € 5 ct = ☐ ct

g) 5,25 € = ☐ ct

h) 32,04 € = ☐ ct

i) 0,78 € = ☐ ct

j) 10,07 € = ☐ ct

<u>Aufgabe 3</u>: *Schreibe mit Komma.*

a) 980 ct = ☐ €

b) 2350 ct = ☐ €

c) 704 ct = ☐ €

d) 940 ct = ☐ €

e) 909 ct = ☐ €

f) 4500 ct = ☐ €

g) 1000 ct = ☐ €

h) 125 ct = ☐ €

i) 25.499 ct = ☐ €

j) 7304 ct = ☐ €

KOHL VERLAG Mit Maßeinheiten rechnen lernen
Mathe ganz praktisch – Bestell-Nr. 19 043

Gemischtes

Aufgabe 4: *Wandle in eine einheitliche Größe um und rechne die Beträge aus.*

a) 5 € 79 ct + 25 € 4 ct + 14 € + 45,14 € =

b) 24 € 44 ct + 12,23 € + 220 ct + 234,09 € =

c) 777 € + 5,45 € + 56,44 € + 2345 € + 0,87 € =

d) 300 € – 56,55 € – 19,32 € – 8 € 88 ct =

e) 403,55 € – 2,99 € – 82 € 4 ct – 6060 ct =

Aufgabe 5: *Rechne aus und schreibe einen Antwortsatz.*

Sechs Freunde bilden eine Lottogemeinschaft. Sie gewinnen 21 318 €.
Wie viel bekommt jeder der Freunde?

Aufgabe 6: *Schreibe in Euro.*

a) 6 • 9 € = €

b) 34 • 44 € = €

c) 7 • 1,25 € = €

d) 12 • 5,40 € = €

e) 25 • 18 € = €

f) 65 • 6 € = €

g) 125 € • 7 = €

h) 200 € • 20 = €

i) 13,26 € • 5 = €

j) 56 • 5 € = €

Aufgabe 7: *Rechne aus.*

a) 124 ct : 4 = €

b) 2 350 ct : 5 = €

c) 504 ct : 3 = €

d) 300 € : 25 = €

e) 2,25 € : 5 = €

f) 12,36 € : 6 = €

g) 1 000 ct : 20 = ct

h) 32,25 € : 3 = €

i) 21.321 € : 3 = €

j) 400 € : 5 € = €

KOHL VERLAG Mit Maßeinheiten rechnen lernen
Mathe ganz praktisch – Bestell-Nr. 19 043

Gemischtes

Aufgabe 8: *Wie viele Euro fehlen bis 40 Euro? Schreibe mit Komma.*

a) 24 € 13 ct ⇨		€	**f)** 4360 ct ⇨		€
b) 29,99 € ⇨		€	**g)** 1,34 € ⇨		€
c) 4357 ct ⇨		€	**h)** 0,99 € ⇨		€
d) 34 € ⇨		€	**i)** 2 € 36 ct ⇨		€
e) 15 € 9 ct ⇨		€	**j)** 13 € 25 € ⇨		€

Aufgabe 9: *Wie viele Euro fehlen bis 100 Euro?*

a) 29 € ⇨		€	**i)** 46,89 € ⇨		€
b) 99 € ⇨		€	**j)** 54,50 € ⇨		€
c) 62 € ⇨		€	**k)** 17 € 30 ct ⇨		€
d) 41 € ⇨		€	**l)** 20 € 9 ct ⇨		€
e) 12 € ⇨		€	**m)** 80 € 80 ct ⇨		€
f) 31,05 € ⇨		€	**n)** 100 € 0 ct ⇨		€
g) 99,99 € ⇨		€	**o)** 0 € 91 ct ⇨		€
h) 22,22 € ⇨		€	**p)** 24 € 76 ct ⇨		€

Aufgabe 10: *Lea und Lisa kaufen sich ein Eis. Eine Kugel kostet 0,50 €. Lea hat 5 Kugeln und Lisa 4 Kugeln. Sie nehmen für ihren Bruder noch einen Eisbecher mit, in dem 4 Kugeln sind und etwas Sahne für 0,30 €. Wie viel müssen Lea und Lisa insgesamt bezahlen?*

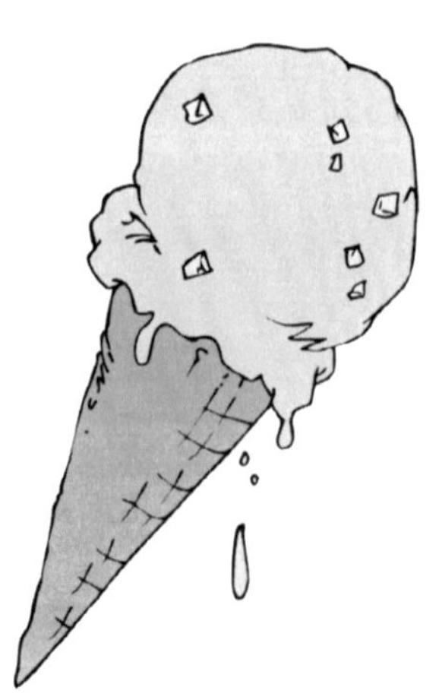

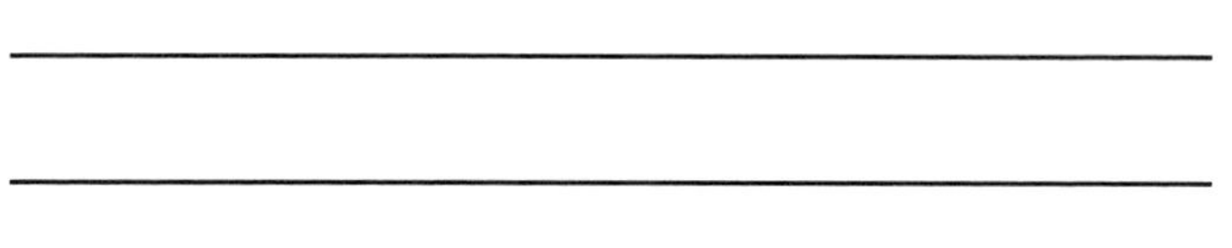

KOHL VERLAG
Mit Maßeinheiten rechnen lernen

45 Gemischtes

Aufgabe 11: *Rechne das Rückgeld aus.*

Verkaufspreis:	Der Käufer bezahlt mit:	Er bekommt zurück:
13,25 €	20,00 €	
18,99 €	20,00 €	
34,50 €	40,00 €	
41,95 €	50,00 €	
45,35 €	50,00 €	
75,25 €	100,00 €	
83,98 €	100,00 €	
175,99 €	200,00 €	
325,99 €	500,00 €	
408,59 €	500,00 €	

Aufgabe 12: *Stimmt die Stellenwerttafel? Kreuze an. Verbessere, wenn nötig.*

Betrag	Euroscheine							Euromünzen								stimmt
								€		Cent						X
	500	200	100	50	20	10	5	2	1	50	20	10	5	2	1	
273,54 €		1x		1x	1x				3x		2x	1x		1x	2x	
119,68 €				2x		1x	1x			1x			1x	1x	1x	
203,04 €			2x					1x	1x					2x		
73,09 €				1x		2x			3x					4x	1x	
17,17 €						1x	1x	1x				1x	1x	1x		
314,98 €		1x					2x	2x			2x			1x	1x	
1007,47 €	1x	2x	1x				1x		2x		2x			3x	1x	
999,99 €		2x		1x	2x		1x	2x						4x	1x	

Mit Maßeinheiten rechnen lernen
Mathe ganz praktisch – Bestell-Nr. 19 043
KOHL VERLAG

46 Ergänzungen und Pentaminos

Aufgabe 1: *Schneide die Pentaminos aus. Wie viel fehlt jeweils bis 10 Euro? Lege die Pentaminos neu zusammen.*

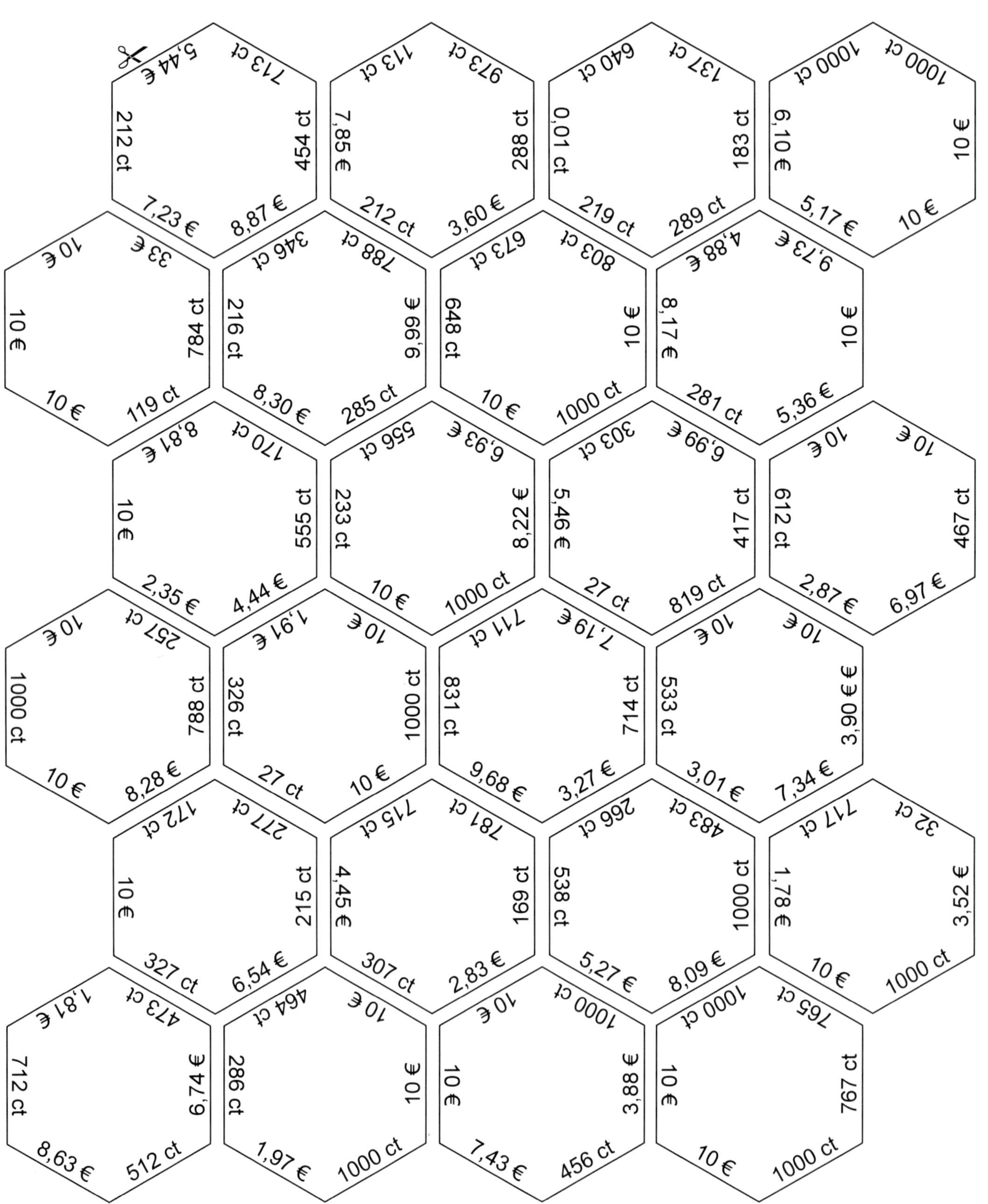

Mit Maßeinheiten rechnen lernen
Mathe ganz praktisch – Bestell-Nr. 10 043
KOHL VERLAG

47 Straßenmusikanten

Zwei Straßenmusikanten spielen in der Stadt Breinau. Hilko, der eine Musikant, spielt in der Fußgängerzone. Paul, der andere Musikant, spielt im Stadtpark. Nach einer Woche vergleichen sie ihre Einnahmen.

Aufgabe 1: **a)** *Berechne Hilkos Einnahmen nach einer Woche.*

MO	DI	MI	DO	FR	SA	SO	
22	14	13	15	23	45	51	mal 1 ct
33	64	50	59	62	87	93	mal 2 ct
29	45	78	81	80	85	91	mal 5 ct
30	67	72	58	58	43	78	mal 10 ct
45	30	30	43	46	52	51	mal 20 ct
13	29	40	35	34	27	34	mal 50 ct
12	23	30	30	15	15	17	mal 1 €

Hilkos Einnahmen nach einer Woche: ____________ €.

b) *Berechne Pauls Einnahmen nach einer Woche.*

MO	DI	MI	DO	FR	SA	SO	
17	24	23	18	13	40	61	mal 1 ct
26	54	30	49	71	79	99	mal 2 ct
31	55	68	71	78	88	87	mal 5 ct
35	68	72	48	55	52	69	mal 10 ct
38	34	34	50	50	48	50	mal 20 ct
23	18	33	40	41	22	30	mal 50 ct
19	18	41	45	24	21	20	mal 1 €

Pauls Einnahmen nach einer Woche: ____________ €.

Aufgabe 2: **a)** Wer hat mehr eingenommen? ____________________ .

b) Wie groß ist der Unterschied? ____________________ .

c) Beide wollen die Hälfte ihrer Wocheneinnahmen spenden.

- Wie viel spendet Hilko? _________ €. Und Paul? _________ €.
- Wie hoch ist die Spende insgesamt? _________ €.

d) Von der Spende bekommt der Tierschutzbund ⅓ des Betrags, den Rest bekommt das Kinderhilfswerk.

- Wie viel Geld bekommt der Tierschutzbund? ___________ €.
- Wie viel Geld bekommt das Kinderhilfswerk? ___________ €.

KOHL VERLAG Mit Maßeinheiten rechnen lernen Mathe ganz praktisch – Bestell-Nr. 19 043

48 Happy birthday

Mira erzählt ihrem Freund Lukas, wie viel Geld sie gestern zu ihrem 10. Geburtstag bekommen hat: 50 € von Oma, 100 € von der Patentante, 70 € von den Eltern, 20 € von der Nachbarin und 100 € von Onkel Klaus und Tante Ilse. Lukas erzählt Mira, dass sein Vater den Geldbetrag an seinem 10. Geburtstag nächste Woche verdoppeln will. Lukas Vater hat bei seiner Geburt 0,01 € auf ein Sparkonto gelegt. Zu jedem Geburtstag, will sein Vater den vorherigen Geldbetrag verdoppeln. Mira hält Lukas Vater für knauserig.

Aufgabe 1: *Ist Lukas Vater wirklich geizig? Rechne weiter und schreibe auf.*

Geburt 0,01 €	1. Jahr 0,02 €	2. Jahr 0,04 €	3. Jahr 0,08 €	4. Jahr 0,16 €	5. Jahr 0,32 €	6. Jahr 0,64 €	7. Jahr 1,28 €
8. Jahr 2,56 €	9. Jahr	10. Jahr	11. Jahr	12. Jahr	13. Jahr	14. Jahr	15. Jahr
16. Jahr	17. Jahr	**18. Jahr**	19. Jahr	20. Jahr	21. Jahr	22. Jahr	23. Jahr
24. Jahr	25. Jahr	26. Jahr	27. Jahr	28. Jahr	29. Jahr	30. Jahr	31. Jahr
32. Jahr	33. Jahr	34. Jahr	35. Jahr	36. Jahr	37. Jahr	38. Jahr	39. Jahr
40. Jahr	41. Jahr	42. Jahr	43. Jahr	44. Jahr	45. Jahr	46. Jahr	47. Jahr
48. Jahr	49. Jahr	50. Jahr	51. Jahr	52. Jahr	53. Jahr	54. Jahr	55. Jahr
56. Jahr	57. Jahr	58. Jahr	59. Jahr	60. Jahr	61. Jahr	62. Jahr	63. Jahr

Wie viel Geld hat Lukas an seinem 10.Geburtstag auf dem Konto? _________ €

Wie viel Geld hat Lukas an seinem 21.Geburtstag auf dem Konto? _________ €

Wie weit kannst du rechnen? Vergleiche mit deinen Mitschülern.

KOHL VERLAG Mit Maßeinheiten rechnen lernen
Mathe ganz praktisch ▪ Bestell-Nr. 19 043

49 Schriftliche Addition und Subtraktion

Aufgabe 1: *Schreibe stellengerecht untereinander und addiere. Achte darauf, dass du für jede Ziffer genau ein Rechenkästchen benutzt.*

a) 4,57 € + 235,63 €
b) 0,81 € + 701,30 €
c) 99,12 € + 0,05 €
d) 2 806 € + 34,90 €
e) 9 € + 0,45 €
f) 11 504 € + 67,12 €
g) 0,55 € + 4001,35 €
h) 207,07 € + 0,07 €

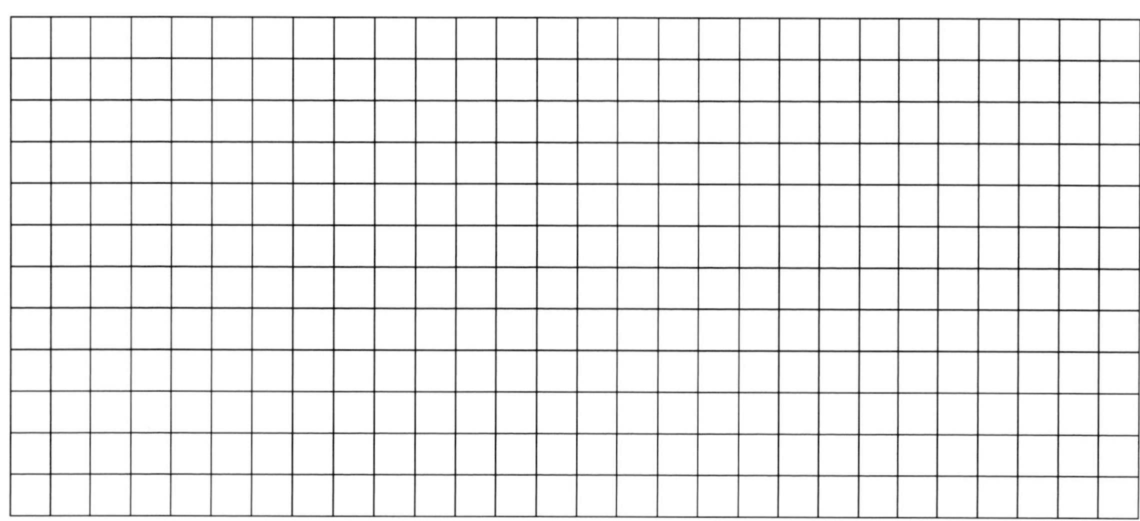

Aufgabe 2: *Schreibe stellengerecht untereinander und subtrahiere. Achte darauf, dass du für jede Ziffer genau ein Rechenkästchen benutzt.*

a) 89,01 € – 21,15 €
b) 205,62 € – 1,95 €
c) 698 € – 20,05 €
d) 3 007 € – 6,39 €
e) 775,02 € – 45 €
f) 23 511 € – 12,99 €
g) 555,55 € – 55,59 €
h) 9 004 € – 0,09 €

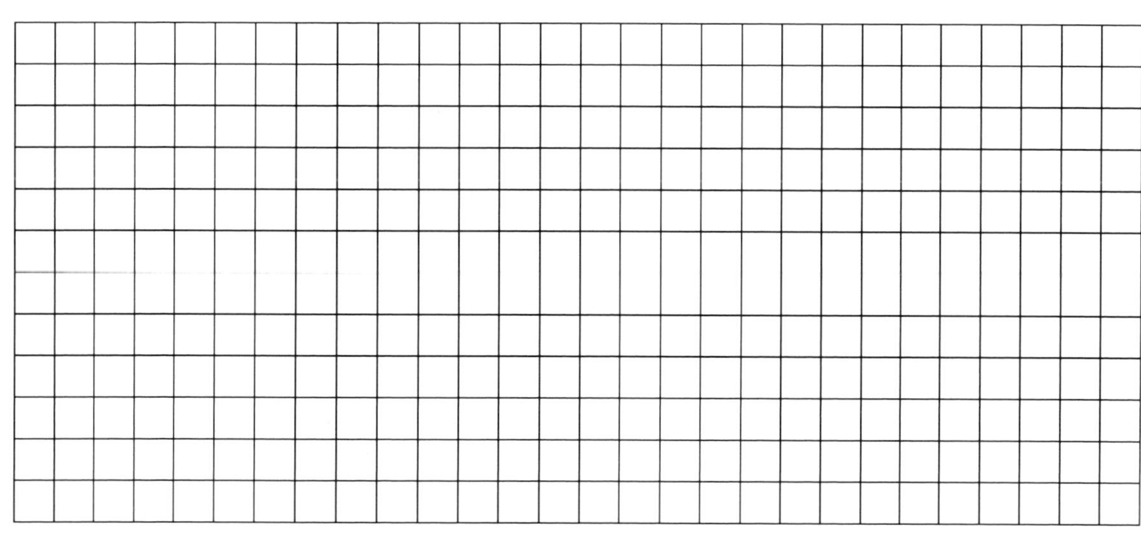

KOHL VERLAG Mit Maßeinheiten rechnen lernen
Mathe ganz praktisch – Bestell-Nr. 19 043

50 Preise – Preise

Aufgabe 1: *Für die Aufgaben auf diesem Arbeitsblatt brauchst du eine Menge Werbeprospekte und Kataloge, eine Schere, Kleber, Schreibstift und einige DIN A4-Blätter.*

- *Schneide die Produkte zu der jeweiligen Aufgabe aus.*
- *Klebe sie auf ein DIN A4-Blatt.*
- *Schreibe zu jeder Aufgabe einen Kassenbon und klebe ihn dazu.*

a) Mutter schickt dich zum Einkaufen. Auf dem Einkaufszettel stehen:

- Kommst du mit 30 € aus?
- Vergleiche die Preise der Produkte vom Einkaufszettel in zwei Läden miteinander. Welches ist das günstigste Angebot?

```
Toilettenpapier
Eier
Mineralwasser
Marmelade
1 Paket Kaffee
Milch
Duschgel
```

b) Tante Mia hat dir zum letzten Geburtstag einen Gutschein der Buchhandlung Spät über 30 € geschenkt. Was kostet dein Einkauf?

c) Deine Eltern wollen dein Zimmer neu einrichten. Du darfst dir für 3500 € Möbel aussuchen. Wie viel Geld gibst du wofür aus?

d) Für deine Geburtstagsparty brauchst du Knabberzeug und Getränke. Deine Mutter gibt dir für den Einkauf 30 €.

e) Zu Weihnachten hast du insgesamt 150 € geschenkt bekommen. Du willst dir Klamotten davon kaufen.

f) Du verkaufst deine Computerspiele, weil du dir neue kaufen willst. Aus dem Verkauf hast du 250 € eingenommen. Von deinem Sparkonto holst du noch 50 €.

g) Du hast Geld gespart und möchtest dir etwas leisten: neue Bücher, neue Spiele, einen neuen Füller, ein neues Fahrrad. Du holst 500 € vom Konto.

h) Du möchtest dich fit halten. Deine Eltern sind bereit, dir Sportgeräte zu bezahlen. Du machst einen Plan, was du möchtest: eine Reckstange und einen Basketballkorb für den Garten, einen neuen Tischtennisschläger, Tischtennisbälle, neue Inliner und einen Jogginganzug. Du darfst den Betrag von 400 € aber nicht überschreiten.

i) Deine Mutter hat Geburtstag. Du möchtest ihr zwei Geschenke aus der Parfümerie machen und hast 50 € zur Verfügung.

j) Dein Vater hat Geburtstag. Er ist begeisterter Heimwerker und du suchst nach einem Geschenk im Baumarkt. Du hast 50 € in der Tasche.

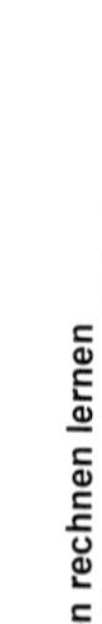

51 Urlaub auf Mallorca

Familie Frankenstein freut sich auf die Erholung am Pool. Deshalb möchte sie 2 Wochen Urlaub auf Mallorca machen. Am 12. Juni wollen sie ab Frankfurt fliegen. Aus dem Reisebüro haben sie sich Kataloge besorgt.

Sie finden zwei Clubhotels, die ihnen besonders zusagen.

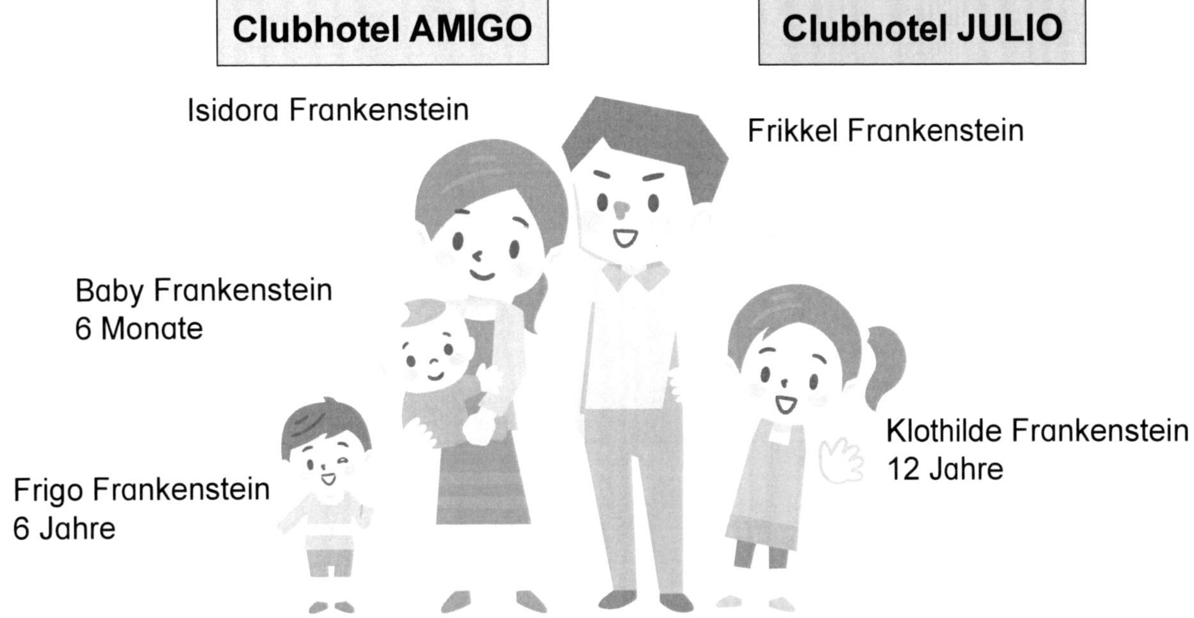

Sie wollen wissen, was ihr Urlaub kosten wird. Für Baby Frankenstein muss nur der Flug-Zuschlag gezahlt werden. Klothilde ist die Intelligenteste in der Familie und muss deshalb den Preis berechnen.

Flug FRA-Mallorca		Juni				Juli				August			
Zuschlag pro Person +20 €	Datum	7	12	21	28	5	12	19	26	2	9	16	23
	1 Woche	A	A	A	A	B	B	B	C	D	D	D	D
	2 Wochen	A	A	A	A	B	B	B	C	D	D	D	D

CLUBHOTEL AMIGO								
Preise pro Person in Euro (€)	A		B		C		D	
	1	2	1	2	1	2	1	2
	899	1309	969	1449	1079	1659	1129	1759
inkl. Poolnutzung	909	1329	979	1469	1089	1679	1139	1779
Festpreis für 1 Kind (2 – 6 Jahre)	469	489	539	589	629	709	699	799
Festpreis für 1 Kind (7 – 15 Jahre)	529	699	689	899	789	939	849	979

Clubhotel JULIO								
Preise pro Person in Euro (€)	A		B		C		D	
	1	2	1	2	1	2	1	2
	799	1159	969	1359	1059	1479	1119	1559
inkl. Poolnutzung	809	1179	979	1379	1069	1509	1169	1619
Festpreis für 1 Kind (2 – 15Jahre)	529	629	589	689	609	759	749	789

Mit Maßeinheiten rechnen lernen
Mathe ganz praktisch – Bestell-Nr. 19 043
KOHL VERLAG

51 Urlaub auf Mallorca

Diese Informationen hast du bereits:

⇨ Dauer des Urlaubs
⇨ Alter der Kinder
⇨ Angangsdatum des Urlaubs

Nimm einen Textmarker und markiere die entsprechenden Stellen im Text.

⇨ Schreibe einen Satz, was Familie Frankenstein wissen will:

____

a)

Clubhotel AMIGO

Preis für Frikkel: ____________ €

Preis für Isodora: ____________ €

Pris für Klothilde: ____________ €

Preis für Frigo: ____________ €

Zuschläge: ____________ €

Gesamtpreis: ____________ €

b)

Clubhotel JULIO

Preis für Frikkel: ____________ €

Preis für Isodora: ____________ €

Pris für Klothilde: ____________ €

Preis für Frigo: ____________ €

Zuschläge: ____________ €

Gesamtpreis: ____________ €

So kannst du die Aufgabe lösen:

- Saisonbuchstabe in der 1. Tabelle suchen und markieren.
- Saisonbuchstaben in der 2. und 3. Tabelle markieren.
- Preis pro Person für 2 Wochen in jedem Clubhotel markieren.
- Preis für jedes Kind für 2 Wochen in jedem Clubhotel markieren.
- Zuschlag pro Person beim Flug markieren.

c) Welches der beiden Clubhotels wird Familie Frankenstein buchen? Kreuze an.

AMIGO	JULIO

KOHL VERLAG Mit Maßeinheiten rechnen lernen

52 Textaufgaben

Aufgabe 1: *Schreibe eine passende Textaufgabe zu jedem Textfeld.*

a)

Text: ____

____

____

Frage: Welche Scheine und Münzen hat Frau Mausig im Sparstrumpf?
Rechnung: 708 € = 7 • 100-€-Scheine + 4 • 2-€-Münzen
Antwort: Frau Mausig hat sieben 100-€-Scheine und vier 2-€-Münzen.

b)

Text: ____

____

____

Frage: Wie viel Geld hat Ina auf dem Blatt Papier liegen?
Rechnung: 12 Münzen/Länge • 7 Münzen/Breite = 84 Münzen (84 • 2 € = 168 €)
Antwort: Ina hat 168 € auf dem Blatt Papier liegen.

c)

Text: ____

____

____

Frage: Wie viel € bekommt Herr Zwiesel als Belohnung?
Rechnung: 2 • 200 € + 8 • 50 € + 18 • 20 € = 1700 €   1700 € : 10 = 170 €
Antwort: Herr Zwiesel bekommt den 10. Teil als Belohnung. Das sind 170 €.

d)

Text: ____

____

____

Frage: Welche 12 Münzen bekommt Herr Dudl für seine 20 €?
Rechnung: 4 • 1 € + 8 • 2 € = 4 € + 16 € = 20 €
Antwort: Er bekommt vier 1-€ und acht 2-€-Münzen aus dem Automaten.

e)

Text: ____

____

____

Frage: Wie viel macht der 4. Teil von Elias Geldscheinen aus?
Rechnung: 1 • 50 € + 2 • 20 € + 12 • 2 € = 114 €   114 € : 4 = 28,50 €
Antwort: Der 4. Teil von Elias Geldscheinen beträgt 28,50 €.

Mit Maßeinheiten rechnen lernen
Mathe ganz praktisch – Bestell-Nr. 19 043

Aufgabe 2: *Berechne die Aufgaben. Schreibe einen Antwortsatz.*
Beachte: Zwei der Aufgaben haben keine Lösung.

a) In einem Eiscafé stehen 10 Behälter Eis. Für den Verkauf gibt es Portionen zu 80 Cent, 1 Euro und 1,20 Euro. In der Stunde werden 30 Portionen verkauft. Wann sind die Behälter leer?

Antwort: ____

b) Frau Dreist will in der Bank einen Geldschein wechseln. Sie sagt dem Bankangestellten, dass sie für die Hälfte des Betrags 50-Cent-Münzen und für den Rest 10-Cent-Münzen haben möchte. Welchen Geldschein will Frau Dreist gewechselt haben?

Antwort: ____

c) Frau Hudelig braucht Wechselgeld. Sie legt einen 50-Euro-Schein am Bankschalter hin. Für die Hälfte des Betrages möchte sie 50-Cent-Stücke und für den Rest 10-Cent-Stücke haben. Wie viele Geldstücke gibt ihr der Kassierer?

Antwort: ____

d) Ein 5 Euro Schein ist 12 cm lang. Linus legt 18 der Scheine hintereinander aus. Dann lässt er seine Lieblingsschnecke Fiodora an den Scheinen entlang kriechen. Als echte Rennschnecke schafft sie 8 cm in der Minute. Wie lange braucht Fiodora bis zum Ende?

Antwort: ____

____

e) Am Eingang des Tierparks gibt es Futter für die Affen zu kaufen. An einem Tag werden 45 Packungen zu je 1,50 € und 62 Packungen zu je 1,80 € verkauft. Wie viel Geld hat der Tierpark eingenommen?

Antwort: ______________________________

____

KOHL VERLAG Mit Maßeinheiten rechnen lernen

f) Lisa ist in heller Aufregung. Sie hat ihre Geldbörse mit ihrem ersparten Geld verloren. Ihr hätten nur noch 3,95 € gefehlt, um sich das Buch für 25,45 € kaufen zu können. Wie viel Geld war in der Geldbörse?

Antwort: ____

g) Moritz ist sauer auf seine Schwester. Sie hat 3 Münzen aus seiner Geldbörse geklaut und sich für die 0,90 € Schokolade gekauft. Welche Münzen hat sie geklaut?

Antwort: ____

h) Der Eintritt in den Zirkus Serasota kostet pro Person 8 €. Mutter gibt Neele den Betrag in 50 Cent Stücken mit. Julian bekommt den Eintritt in 20 Cent Münzen mit. Wie viel Münzen hat jeder in der Tasche?

Antwort: ____

i) Opa Egon sagt zu Klein-Max: „Wenn du brav bist, darfst du dir 4 Münzen aus meinem Geldbeutel herausnehmen." Welche Münzen nimmt sich Max wohl?

Antwort: ____

____

j) Tante Klara ist geizig. Sie gibt Max auch 4 Münzen. Welche nimmt sie wohl, wenn sie keine Münze doppelt nimmt?

Antwort: ____

k) Susanne und Marion erhalten zusammen 8,20 € in Münzen. Sie haben insgesamt 11 Münzen. Welche sind das wohl?

Antwort: ____

____

Aufgabe 3: *Vater hat von allen Scheinen und Münzen der Währung Euro ein Exemplar auf den Küchentisch gelegt. Wie viel Geld liegt jetzt dort? Zähle zusammen.*

____

Mit Maßeinheiten rechnen lernen
Mathe ganz praktisch – Bestell-Nr. 19 043
KOHL VERLAG

53 Ein Tag in meinem Leben

Aufgabe 1: • *Trage das Blatt heute immer bei dir und notiere in der Tabelle, was du heute machst.*

• *Vergleiche deinen Tagesablauf morgen mit dem deiner Mitschüler.*

Ein Tag im Leben von:	
7:00 Uhr	
8:00 Uhr	
9:00 Uhr	
10:00 Uhr	
11:00 Uhr	
12:00 Uhr	
13:00 Uhr	
14:00 Uhr	
15:00 Uhr	
16:00 Uhr	
17:00 Uhr	
18:00 Uhr	
19:00 Uhr	
20:00 Uhr	
21:00 Uhr	
22:00 Uhr	

KOHL VERLAG
Mit Maßeinheiten rechnen lernen
Mathe ganz praktisch – Bestell-Nr. 19 043

54 Falsche Uhrzeiten

Es ist 15:00 Uhr.
Sie hören die
Nachrichten ...

Aufgabe 1: *Streiche die Uhren mit den falschen Uhrzeiten durch.*

KOHL VERLAG
Mit Maßeinheiten rechnen lernen
Mathe ganz praktisch – Bestell-Nr. 19 043

55 Zeiger einzeichnen

Aufgabe 1: *Zeichne den großen und den kleinen Zeiger zu den Uhrzeiten ein.*

a) 4:00 – 7:30 – 8:15 – 23:30 – 9:00 – 1:45 – 13:10 – 0:05 – 22:40

b) 3:00 – 5:00 – 2:15 – 21:35 – 6:00 – 3:55 – 20:05 – 0:55 – 24:00

56 Uhrzeiten suchen

Aufgabe 1: *Suche die passenden Uhrzeiten und male die gefundenen Uhren aus.*

1: 35 Uhr	4:15 Uhr	2:15 Uhr	19:25 Uhr	0:20 Uhr
4:35 Uhr	11:25 Uhr	9:35 Uhr	14:25 Uhr	7:15 Uhr
0:30 Uhr	18:25 Uhr	9:20 Uhr	23:30 Uhr	21:30 Uhr
0:35 Uhr	14:35 Uhr	4:25 Uhr	16:30 Uhr	9:15 Uhr
12:15 Uhr	10:35 Uhr	14:30 Uhr	11:20 Uhr	19:20 Uhr
7:35 Uhr	5:25 Uhr	2:20 Uhr	7:30 Uhr	11:15 Uhr
4.20 Uhr	12:25 Uhr	23:25 Uhr	21:25 Uhr	23:50 Uhr

KOHL VERLAG Mit Maßeinheiten rechnen lernen Mathe ganz praktisch – Bestell-Nr. 19 043

57 Zwei Uhrzeiten

Aufgabe 1: *Gib zu jeder Uhrzeit 2 Möglichkeiten.*

1

2

3

4

5

6

7

8

9

10

11

12

13

14

15

16

17

18

1 = ______________________
____

2 = ______________________
____

3 = ______________________
____

4 = ______________________
____

5 = ______________________
____

6 = ______________________
____

7 = ______________________
____

8 = ______________________
____

9 = ______________________
____

10 = ______________________
____

11 = ______________________
____

12 = ______________________
____

13 = ______________________
____

14 = ______________________
____

15 = ______________________
____

16 = ______________________
____

17 = ______________________
____

18 = ______________________
____

KOHL VERLAG Mit Maßeinheiten rechnen lernen

58 Uhrzeiten vergleichen

Aufgabe 1: *Schneide die Felder aus und lege die drei passenden Uhrzeiten nebeneinander.*

	17:00	
	Viertel vor eins	zehn nach drei
zehn Uhr		00:15
1:00	halb eins	
	13:30	halb fünf
fünf Uhr	ein Uhr	
12:30		13:15
	20:15	
halb zwei	null Uhr fünfzehn	2:25
	12:45	Viertel nach eins
16:30	fünf vor halb drei	10:00
Viertel nach acht		15:10

KOHL VERLAG
Mit Maßeinheiten rechnen lernen
Mathe ganz praktisch – Bestell-Nr. 19 043

59 Rechnen mit Zeiteinheiten

Aufgabe 1: *Schneide die Umrechnungshilfe aus und benutze sie als Hilfe.*

1 Sekunde (s) • 60 = 1 Minuten (min)
1 Minunte (min) • 60 = 1 Stunde (h)
24 Stunden (h) = 1 Tag (d)

3 Monate = ¼ Jahr
6 Monate = ½ Jahr
9 Monate = ¾ Jahr
12 Monate = 1 Jahr (a)

1 Woche = 7 Tage
52 Wochen = 1 Jahr (a)

365 Tage (d) = 1 Jahr (a)

15 Minuten (min) = ¼ Stunde (h)
30 Minuten (min) = ½ Stunde (h)
45 Minuten (min) = ¾ Stunde (h)

Aufgabe 2: *Wandle um.*

a) 120 s = ☐ min
b) 360 min = ☐ h
c) 7 h = ☐ min
d) 36 min = ☐ s
e) 2 h 45 min = ☐ min
f) 12 min 36 s = ☐ s

Aufgabe 3: *Wandle in Minuten um.*

a) 3 ½ h = ☐ min
b) 6 ¼ h = ☐ min
c) 4 ¾ h = ☐ min
d) 2 ¾ h = ☐ min
e) 8 ½ h = ☐ min
f) 9 ½ h = ☐ min

Aufgabe 4: *Wie viele Minuten fehlen bis zur nächsten Stunde?*

a) 16:45 Uhr = ☐ min
b) 4:02 Uhr = ☐ min
c) 2:34 Uhr = ☐ min
d) 21:58 Uhr = ☐ min
e) 0:15 Uhr = ☐ min
f) 13:24 Uhr = ☐ min

g) Viertel vor vier = ☐ min
h) fünf nach fünf = ☐ min
i) dreizehn vor neun = ☐ min
j) zehn nach zwei = ☐ min
k) fünf vor elf = ☐ min
l) zwanzig nach zwölf = ☐ min

KOHL VERLAG Mit Maßeinheiten rechnen lernen
Mathe ganz praktisch • Bestell-Nr. 10 943

59 Rechnen mit Zeiteinheiten

Aufgabe 5: *Berechne die Zeitspanne.*

a) 8:45 bis 9:50 Uhr = ☐ min

b) 2:05 bis 4:03 Uhr = ☐ min

c) 16:03 bis 20:20 Uhr = ☐ min

d) 22:40 bis 0:01 Uhr = ☐ min

e) 23:38 bis 02:15 Uhr = ☐ min

f) 5:10 bis 10:55 Uhr = ☐ min

Aufgabe 6: *Gib die Uhrzeiten an.*

a) 45 min bis 8:30 Uhr = ☐ Uhr

b) 5 min bis 13:07 Uhr = ☐ Uhr

c) 11 min bis 21:10 Uhr = ☐ Uhr

d) 42 min bis 10:20 Uhr = ☐ Uhr

e) 35 min bis 13:40 Uhr = ☐ Uhr

f) 8 min bis 19:34 Uhr = ☐ Uhr

Aufgabe 7: *Suche gleiche Paare. Ziehe Verbindungslinien.*

1 Jahr	3 Monate
½ Jahr	60 Tage
1 Monat	366 Tage
2 Wochen	6 Monate
¼ Jahr	21 Tage
1 Schaltjahr	3 Jahre
2 Monate	12 Monate
3 Wochen	30 Tage
36 Monate	14 Tage
90 Tage	¼ Jahr

Aufgabe 8: *Rechne um in Tage.*

a) 1 Jahr = ____________________

b) 4 Monate = ____________________

c) 2 Monate = ____________________

d) 3 Wochen = ____________________

e) 2 Wochen = ____________________

f) 1 Woche = ____________________

KOHL VERLAG Mit Maßeinheiten rechnen lernen Mathe ganz praktisch – Bestell-Nr. 19 043

Rechnen mit Zeiteinheiten

Aufgabe 9: *Alle vier Jahre gibt es ein Schaltjahr mit 366 Tagen. Der Schalttag ist der 29. Februar. Lassen sich die letzten beiden Ziffern einer Jahreszahl durch 4 teilen, ist es ein Schaltjahr. Welche Jahre waren Schaltjahre? Kreuze an.*

1952	1928	1925	1980	1924	2000
1996	1990	2004	1906	1956	

Aufgabe 10: *Rechne in Jahre und Tage um.*

a) 703 d = ☐ **c)** 1200 d = ☐ **e)** 598 d = ☐

b) 896 d = ☐ **d)** 430 d = ☐ **f)** 730 d = ☐

Aufgabe 11: *Rechne in Tagen und Stunden.*

a) 58 h = ☐ **c)** 309 h = ☐ **e)** 788 h = ☐

b) 345 h = ☐ **d)** 1009 h = ☐ **f)** 1200 h = ☐

Aufgabe 12: *Wie viele Tage sind es bis zum 31. Dezember?*

a) vom 4. Oktober: ☐ **c)** vom 30. Juni: ☐ **e)** vom 30. März: ☐

b) vom 6. August: ☐ **d)** vom 2. November: ☐ **f)** vom 1. April: ☐

Aufgabe 13: *Wie viele Tage im Jahr gehst du zur Schule? Rechne aus.*

- Das Jahr hat 365 Tage. Ziehe 104 Tage für schulfreie Wochenenden ab. Ziehe 10 Feiertage ab. Ziehe 75 Tage für die ganzen Ferien ab.

  Dein Ergebnis: ______________ Tage.

- Du hast 6 Stunden Unterricht am Tag.
  Wie viele Stunden sind das insgesamt im Jahr? __________ Stunden

  Wie viele Tage (1 Tag = 24 Stunden) wären das? __________ Tage

KOHL VERLAG Mit Maßeinheiten rechnen lernen ■ Mathe ganz praktisch – Bestell-Nr. 19 043

60 Zeitenkreuzworträtsel

Aufgabe 1: • *Wandle die Monate (M) in jeder Aufgabe in Tage (d) um und addiere. Rechne immer: 1 Monat = 30 Tage.*

• *Schreibe das Ergebnis in das Kreuzworträtsel. Immer nur eine Ziffer gehört in ein Kästchen.*

1		2		3		4
		5				
6	7			8	9	
10		11		12		13
		14				
15				16		

Waagerecht	Senkrecht
1. 400 d + 8 M 1 d =	1. 13 M 21 d + 248 d =
3. 7 M 11 d + 134 d =	2. 3 M 13 d + 52 d =
5. 13 M 11 d + 134 d =	3. 204 d + 4 M 33 d =
6. 609 d + 12 M 6 d =	4. 326 d + 197 d =
8. 451 d + 9 M 2 d =	7. 465 d + 9 M 9 d =
10. 7 M 4 d + 4 M 9 d =	9. 4 M 19 d + 2 M 24 d =
12. 146 d + 2 M 28 d =	10. 7 M 28 d + 144 d =
14. 9 M 20 d + 175 d =	11. 216 d + 4 M 11 d =
15. 160 d + 3 M 7 d =	12. 5 M 10 d + 97 d =
16. 14 M 24 d + 267 d =	13. 256 d + 5 M 5 d =

Aufgabe 2: • *Stelle selbst ein Kreuzworträtsel zu Stunden (h) und Minuten (min) her. Beispiel: 3 h 24 min + 312 min = 516 min.*

• *Schreibe deine Aufgabe für waagerecht und senkrecht auf ein Extrablatt. Schreibe mit Bleistift, dann kannst du leichter berichtigen, denn es wird eine Knobelaufgabe.*

1		2		3		4
		5				
6	7			8	9	
10		11		12		13
		14				
15				16		

Mit Maßeinheiten rechnen lernen
Mathe ganz praktisch – Bestell-Nr. 19 043

61 Zeitpläne

So sieht Jens Stundenplan aus:

Zeit	Montag	Dienstag	Mittwoch	Donnerstag	Freitag
7:55 – 8:40	Deutsch	Mathematik	Religion	Mathematik	Sport
8:40 – 9:25	Biologie	Mathematik	Religion	Deutsch	Sport
9:45 – 10:30	Englisch	Englisch	Englisch	Englisch	Englisch
10:30 – 11:15	Mathematik	Geschichte	Deutsch	Erdkunde	Deutsch
11:35 – 12:20	Kunst	Deutsch		Biologie	
12:20 – 13:05	Kunst	Erdkunde		Geschichte	

Aufgabe 1: **a)** *Wie viele Minuten hat Jens in der Woche Unterricht?* ___________ *min.*

b) *Wie viele Stunden hat Jens pro Woche Mathematik?* ___________ *min.*

c) *Wie viele Minuten hat Jens Pause pro Woche?* ___________ *min.*

d) *Wie viele Minuten dauern Jens Lieblingsfächer (Sport & Englisch) in der Woche?* ___________ *min.*

Aufgabe 2: *Trage in den folgenden Plan deinen Stundenplan mit den entsprechenden Zeiten ein.*

Stunde	Zeit	Montag	Dienstag	Mittwoch	Donnerstag	Freitag
1.						
2.						
3.						
4.						
5.						
6.						
7.						
8.						
9.						

a) Wie viele Stunden hast du in der Woche Unterricht?
b) Wie viele Minuten sind das in der Woche?
c) Wie lange hast du in der Woche Pause?
d) Welches Fach magst du am liebsten?
e) Wie lange dauert das Fach in der Woche?
f) Insgesamt gibt es 40 Schulwochen.
Wie lange hast du dein beliebtestes Fach im ganzen Schuljahr?

KOHL VERLAG Mit Maßeinheiten rechnen lernen

Zeitpläne

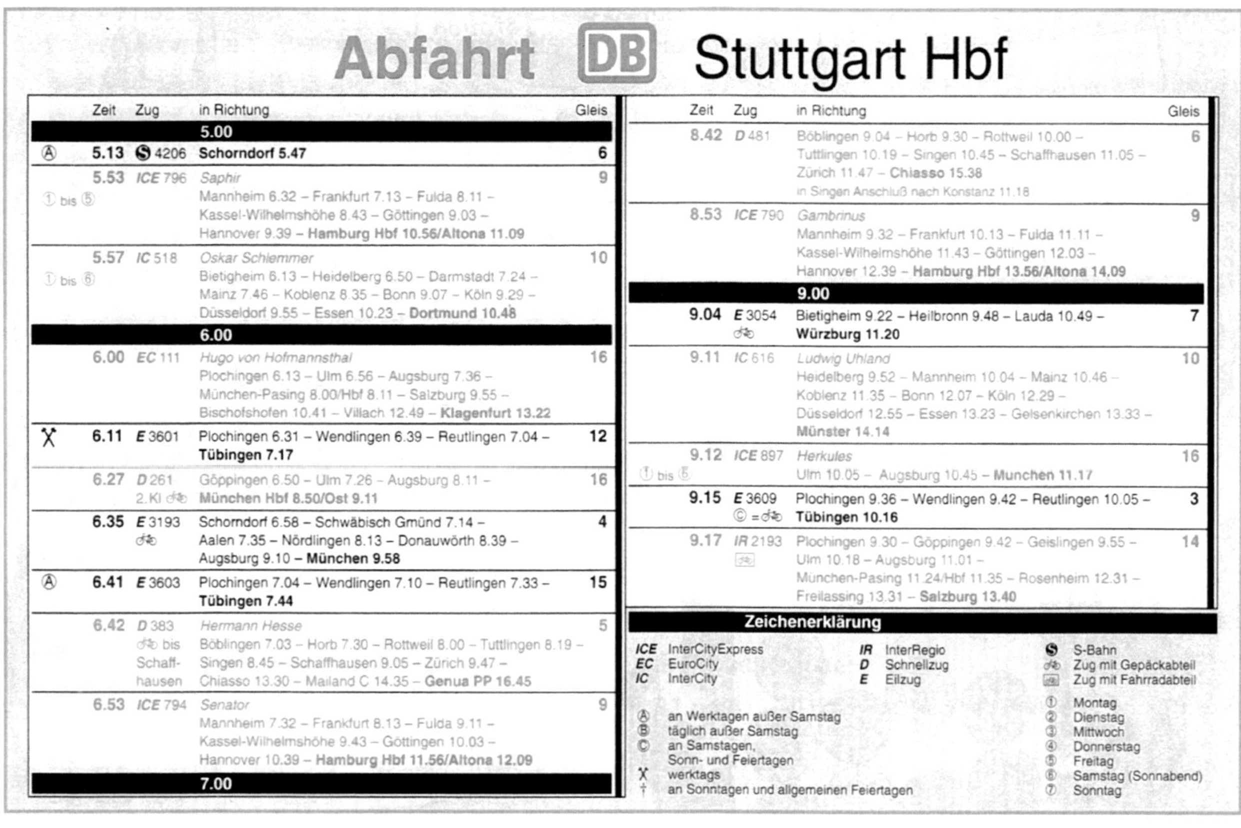

Abfahrt DB Stuttgart Hbf

	Zeit	Zug	in Richtung	Gleis
			5.00	
Ⓐ	**5.13**	Ⓢ 4206	**Schorndorf 5.47**	**6**
① bis ⑤	5.53	*ICE* 796	*Saphir* Mannheim 6.32 – Frankfurt 7.13 – Fulda 8.11 – Kassel-Wilhelmshöhe 8.43 – Göttingen 9.03 – Hannover 9.39 – **Hamburg Hbf 10.56/Altona 11.09**	9
① bis ⑥	5.57	*IC* 518	*Oskar Schlemmer* Bietigheim 6.13 – Heidelberg 6.50 – Darmstadt 7.24 – Mainz 7.46 – Koblenz 8.35 – Bonn 9.07 – Köln 9.29 – Düsseldorf 9.55 – Essen 10.23 – **Dortmund 10.48**	10
			6.00	
	6.00	*EC* 111	*Hugo von Hofmannsthal* Plochingen 6.13 – Ulm 6.56 – Augsburg 7.36 – München-Pasing 8.00/Hbf 8.11 – Salzburg 9.55 – Bischofshofen 10.41 – Villach 12.49 – **Klagenfurt 13.22**	16
⚒	**6.11**	*E* 3601	Plochingen 6.31 – Wendlingen 6.39 – Reutlingen 7.04 – **Tübingen 7.17**	**12**
	6.27	*D* 261 2. Kl 🚲	Göppingen 6.50 – Ulm 7.26 – Augsburg 8.11 – **München Hbf 8.50/Ost 9.11**	16
	6.35	*E* 3193 🚲	Schorndorf 6.58 – Schwäbisch Gmünd 7.14 – Aalen 7.35 – Nördlingen 8.13 – Donauwörth 8.39 – Augsburg 9.10 – **München 9.58**	**4**
Ⓐ	**6.41**	*E* 3603	Plochingen 7.04 – Wendlingen 7.10 – Reutlingen 7.33 – **Tübingen 7.44**	**15**
	6.42	*D* 383 🚲 bis Schaff-hausen	*Hermann Hesse* Böblingen 7.03 – Horb 7.30 – Rottweil 8.00 – Tuttlingen 8.19 – Singen 8.45 – Schaffhausen 9.05 – Zürich 9.47 – Chiasso 13.30 – Mailand C 14.35 – **Genua PP 16.45**	5
	6.53	*ICE* 794	*Senator* Mannheim 7.32 – Frankfurt 8.13 – Fulda 9.11 – Kassel-Wilhelmshöhe 9.43 – Göttingen 10.03 – Hannover 10.39 – **Hamburg Hbf 11.56/Altona 12.09**	9
			7.00	
	8.42	*D* 481	Böblingen 9.04 – Horb 9.30 – Rottweil 10.00 – Tuttlingen 10.19 – Singen 10.45 – Schaffhausen 11.05 – Zürich 11.47 – **Chiasso 15.38** in Singen Anschluß nach Konstanz 11.18	6
	8.53	*ICE* 790	*Gambrinus* Mannheim 9.32 – Frankfurt 10.13 – Fulda 11.11 – Kassel-Wilhelmshöhe 11.43 – Göttingen 12.03 – Hannover 12.39 – **Hamburg Hbf 13.56/Altona 14.09**	9
			9.00	
	9.04	*E* 3054 🚲	Bietigheim 9.22 – Heilbronn 9.48 – Lauda 10.49 – **Würzburg 11.20**	**7**
	9.11	*IC* 616	*Ludwig Uhland* Heidelberg 9.52 – Mannheim 10.04 – Mainz 10.46 – Koblenz 11.35 – Bonn 12.07 – Köln 12.29 – Düsseldorf 12.55 – Essen 13.23 – Gelsenkirchen 13.33 – **Münster 14.14**	10
① bis ⑥	9.12	*ICE* 897	*Herkules* Ulm 10.05 – Augsburg 10.45 – **Munchen 11.17**	16
	9.15	*E* 3609 Ⓒ = 🚲	Plochingen 9.36 – Wendlingen 9.42 – Reutlingen 10.05 – **Tübingen 10.16**	**3**
	9.17	*IR* 2193 [Fahrradabteil]	Plochingen 9.30 – Göppingen 9.42 – Geislingen 9.55 – Ulm 10.18 – Augsburg 11.01 – München-Pasing 11.24/Hbf 11.35 – Rosenheim 12.31 – Freilassing 13.31 – **Salzburg 13.40**	14

Zeichenerklärung

ICE InterCityExpress
EC EuroCity
IC InterCity
IR InterRegio
D Schnellzug
E Eilzug
Ⓢ S-Bahn
🚲 Zug mit Gepäckabteil
[Fahrradabteil] Zug mit Fahrradabteil

Ⓐ an Werktagen außer Samstag
Ⓑ täglich außer Samstag
Ⓒ an Samstagen, Sonn- und Feiertagen
⚒ werktags
† an Sonntagen und allgemeinen Feiertagen

① Montag
② Dienstag
③ Mittwoch
④ Donnerstag
⑤ Freitag
⑥ Samstag (Sonnabend)
⑦ Sonntag

Aufgabe 3: *Beantworte die folgenden Fragen schriftlich.*

a) Frau Meier will am Freitag nach 5:00 Uhr den ersten Zug von Stuttgart nach Hamburg nehmen.

- Wann fährt der Zug ab? ____________ Uhr.
- Um welchen Zugtyp, Zugnahmen und welche Zugnummer handelt es sich?

____

- Wann kommt der Zug im Hamburger Hauptbahnhof an? ____________ Uhr.

b) Herr Meise muss um 12:00 Uhr in Düsseldorf sein.

- Mit welchem Zug muss er in Stuttgart abfahren? ____________ Uhr.
- Kann er auch Sonntags reisen? ______________________________

c) Frau Stolze möchte an einem Samstag an einer Fahrradtour in Augsburg teilnehmen und ihr eigenes Fahrrad mitnehmen.

Mit welchen Zügen kann sie fahren? ______________________________

Wann fährt der Zug in Stuttgart ab, wann kommt der Zug in Augsburg an?

Ab: ____________ Uhr An: ____________ Uhr

Wie lange dauert die Zugfahrt in Minuten? ____________ Minuten

Mit Maßeinheiten rechnen lernen
Mathe ganz praktisch – Bestell-Nr. 19 043
KOHL VERLAG

Aufgabe 4: *Berechne mit Hilfe des Fahrplans von Seite 34.*

a) Berechne die Fahrzeit des EC von Stuttgart nach München Hbf und die Fahrzeit des IR von Stuttgart nach München:

- Der EC fährt von ______ bis ______ . Der IR fährt von ______ bis ______ .
- Wie groß ist der Zeitunterschied? ______ Minuten.

b) Inas Oma fährt mit dem E 3054 nach Würzburg. Ina möchte pünktlich am Bahnhof sein, um ihre Oma abzuholen. Ihr Fußweg beträgt 25 Minuten.

- Wann muss Ina von zu Hause losgehen? Um ____________ Uhr.

c) Von München bis Hamburg braucht ein ICE etwa 6 Stunden, ein Flugzeug etwa 1 ½ Stunden und ein PKW etwa 9 Stunden.

- Wie lange ist man mit dem ICE insgesamt unterwegs, wenn 1 Stunde und 40 Minuten für Wartezeit und An- und Abfahrt zu rechnen sind? ________ h ________ min
- Wie lange ist man mit dem Flugzeug unterwegs, wenn man mit Wartezeiten und An- und Abfahrt von etwa 2 ½ Stunden rechnen muss? ________ h ________ min
- Wie lange ist man mit dem PKW unterwegs, wenn man 2 Pausen rechnet? Die erste Pause dauert 30 Minuten, die zweite Pause 1 ¾ Stunden. ________ h ________ min

d) Der D-Zug „Hermann Hesse“ fährt pünktlich in Stuttgart ab. In Genua hat er 20 Minuten Verspätung.

- Wann kommt der Zug in Genua an? Um __________ Uhr.
- Wie lange war der Zug unterwegs? ________ h ________ min

e) Wann kommen die Züge an?

Ich fahre mit dem EC 111 bis ganz ans Ende seiner Strecke. Der Schaffner sagte, wir werden 20 Minuten Verspätung haben.

____

____

Der D 481 kommt schon mit 15 min Verspätung in Stuttgart an. Bis nach Singen hat er aber nur 8 min aufgeholt. Wann komme ich in Singen an?

____

____

KOHL VERLAG Mit Maßeinheiten rechnen lernen ■ Mathe ganz praktisch ■ Bestell-Nr. 10 913

Aufgabe 5: *Wer fährt wohin?*

	Abfahrtszeit	Fahrtdauer	Ankunftszeit	Ort
Frau Schulz	6:35	2 h 35 min		
Herr Meuser	9:17	3 h 14 min		
Frau Brande	9:12	1 h 33 min		
Frau Decker	5:53	3 h 46 min		

Aufgabe 6: *Ermittle die fehlenden Angaben mithilfe des Fahrplanes auf S. 34.*

Abfahrt Stuttgart	5:57	6:53	8:53	9:17		
Ankunft Zielort	9:29	10:39			14:14	16:45
Fahrdauer			190 min	263 min		
Zielort					Münster	Genua

Aufgabe 7: *Nik und Melanie fahren mit dem Zug in die Ferien. Ihr Zug fährt um 6:42 Uhr in Stuttgart ab. Um nach Rom zu kommen, müssen sie in Chiasso umsteigen. Ihr Anschlusszug fährt dort um 14:55 Uhr ab.*

a) *Nik und Melanie müssten von Chiasso noch 4 Stunden und 25 Minuten Zug fahren, um Rom zu erreichen. Für einen weiteren Umstieg in Rom benötigen sie 34 Minuten. Wann würden sie planmäßig in Rom ankommen?*

____

____

b) *Nik und Melanie verpassen den Zug um 6:42 Uhr. Erreichen sie ihren Anschlusszug noch?*

____

c) *Wenn sie um 6:45 Uhr am Bahnhof in Stuttgart wären, könnten sie dann früher bei Niks Tante in Hamburg eintreffen als in Chiasso?*

____

KOHL VERLAG Mit Maßeinheiten rechnen lernen
Mathe ganz praktisch – Bestell-Nr. 19 043

62 Fragezeichen-Puzzle

Aufgabe 1: *Schneide die Puzzleteile [Figur: Trapez, durch eine waagerechte Linie geteilt] auseinander und lege Aufgabe und Ergebnis passend an. Wenn du alles richtig gerechnet hast, liegt ein großes Fragezeichen (ohne Punkt) vor dir.*

START	16 h 16 min	582 min	8 h 39 min	728 min	10 h 1 min	7 h 49 min
2 h 3 min	610 min	3 h 3 min	1026 min	6 h 1 min	428 min	60 min
244 min	5 h 50 min	9 h 42 min	183 min	11 h 15 min	420 min	7 h 8 min
13 h 5 min	370 min	616 min	8 h 18 min	519 min	10 h 10 min	350 min
1 h	137 min	469 min	976 min	18 h	110 min	6 h 10 min
564 min	12 h 8 min	10 h 16 min	Ende	361 min	20 h 3 min	123 min
7 h 7 min	6 h 60 min	17 h 3 min	2 h 11 min	4 h 26 min	9 h 13 min	675 min
785 min	30 min	601 min	1203 min	131 min	427 min	1 h 50 min
498 min	2 h 17 min	4 h 4 min		1080 min		¾ h
15 h	266 min	900 min		9 h 24 min		553 min

KOHL VERLAG Mit Maßeinheiten rechnen lernen
Mathe ganz praktisch ■ Bestell-Nr. 19 043

63 Textaufgaben II

Aufgabe 1: *Lies den Text der Aufgabe und die Fragen. Entscheide dann, welche Fragen du mittels des Textes beantworten kannst. Kreuze dementsprechend ein (J) für Ja oder ein (N) für Nein an.*

Vier Personen unternehmen eine Reise mit dem PKW. Jede Person soll gleich lange am Steuer sitzen. Sie fahren heute um 3:15 Uhr ab und sind morgen um 16:20 Uhr am Ziel

	Ja	Nein	
a)			Wie lang ist die Fahrzeit?
b)			Wie viele Kilometer beträgt die Reisestrecke?
c)			An welchem Wochentag kommen sie an?
d)			Wie lange sitzt jede Person am Steuer?
e)			Wo machen sie Pausen?
f)			Wann machen sie Pausen?
g)			Nach welcher Zeit fährt der nächste Fahrer?
h)			Wie viele Liter Benzin tanken sie?
i)			Wie teuer ist ein Liter Benzin?
j)			Wie schnell ist ihre Geschwindigkeit?

Aufgabe 2: *Überlege dir zu den Stichwörtern mindestens zwei Textaufgaben. Schreibe die Textaufgaben, die Rechnung und die Antwort unten auf.*

Wandertag – Abfahrt 8:33 Uhr – Ankunft 9:20 Uhr – Rückfahrt 17:30 Uhr – Rückfahrt 6 Minuten länger

1. ______________________________

____

____

____

2. ______________________________

____

____

____

3. ______________________________

____

____

KOHL VERLAG Mit Maßeinheiten rechnen lernen Mathe ganz praktisch – Bestell-Nr. 19 043

Aufgabe 3: *Löse die Textaufgaben. Schreibe einen Antwortsatz. Zwei der Aufgaben sind nicht lösbar.*

a) Jannick lutscht einen Lolli. Er braucht dafür 15 Minuten. Wie lange braucht er, wenn er zwei Lollis gleichzeitig lutscht?

Antwort: ______________________________

b) Maria telefoniert täglich 5 Minuten mit Freunden. Wie hoch sind die Telefonkosten in einem Monat?

Antwort: ______________________________

c) Elias telefoniert jeden Tag 10 Minuten mit Freunden. Die Minute kostet 15 Cent.

- Wie viel kosten ihn die Telefonate in einer Woche?

Antwort: ______________________________

- Wie viel Kosten die Telefonate in einem Monat?

Antwort: ______________________________

d) In einen Swimmingpool fließen in der Minute 20 Liter Wasser. Wann ist der Swimmingpool voll?

Antwort: ______________________________

e) Eine Turmuhr schlägt die vollen Stunden nach ihrer Uhrzeit. Um 1 Uhr schlägt sie 1-mal, bei 4 Uhr 4-mal … Wie viele Schläge sind es insgesamt in 24 Stunden?

Antwort: ______________________________

f) Familie Meiers Reise dauert 5 Stunden und 26 Minuten. Die Reise der Familie Merz dauert noch einmal um die Hälfte länger. Wie lange dauert die Reise der Familie Merz?

Antwort: ______________________________

g) Frau Beier fährt jeden Tag eine 1 ¼ Stunden mit dem Fahrrad. Wie viel Zeit verfährt sie in einem Monat?

Antwort: ______________________________

h) Eine alte Standuhr geht jeden Tag 1 Minute und 20 Sekunden vor. Am Ende eines jeden Monats stellt der Eigentümer die Uhr zurück. Um wie viele Minuten muss er die Uhr zurückdrehen?

Antwort: ______________________________

63 Textaufgaben II

i) Zwei ICEs fahren in umgekehrter Richtung von Berlin los. In einer Stunde legt jeder 190 Kilometer zurück. Wie viele Kilometer liegen nach 2 Stunden zwischen ihnen?

Antwort: ______________________________

j) Zwei Pferde galoppieren zusammen los. Sie sind gleich schnell. In einer Stunde schafft ein Pferd 21 Kilometer. Wie viel Kilometer schaffen beide Pferde in einer Stunde?

Antwort: ______________________________

k) Tanjas Computer läuft täglich 2½ Stunden, am Wochenende jedoch 3½ Stunden. Wie viele Stunden läuft er in einer Woche?

Antwort: ______________________________

l) Papas Wecker klingelt um 5:45 Uhr. Mamas Wecker klingelt um 6:30 Uhr. Tinas Wecker klingelt um 7:00 Uhr. Mama ging um 23:00 Uhr zu Bett, Papa um 22:15 und Tina um 19:30 Uhr. Wer schlief am wenigsten in dieser Nacht?

Antwort: ______________________________

Wer schlief am längsten in dieser Nacht?

Antwort: ______________________________

m) Maria muss um 7:45 Uhr in der Schule sein. Heute schreibt sie eine Mathearbeit. Deshalb muss sie den frühen Bus nehmen, der schon um 7:32 in der Stadt ankommt. Von der Bushaltestelle muss sie 8 min zum Klassenzimmer laufen. Zu Hause steht sie um 6:30 Uhr auf und braucht im Bad 15 min. Das Frühstück dauert 9 min. Wie lange fährt der Bus höchstens, wenn er direkt vor ihrer Türe abfährt?

Antwort: ______________________________

n) Jutta ist beim Wettrennen im Sportunterricht ihre Strecke in 1 min 36 sek gelaufen. Timo brauchte nur die Hälfte der Zeit. Miriam benötigte so lange wie Jutta und Timo zusammen. Welche Zeit benötigte jeder für die Strecke?

Antwort: ______________________

____

____

____

KOHL VERLAG Mit Maßeinheiten rechnen lernen Mathe ganz praktisch – Bestell-Nr. 19 043

64 Profiaufgaben

Aufgabe 1: *Lies den Text genau durch. Überlege eine Minute. Löse dann die Aufgaben und schreibe eine Antwort.*

a) Ein Ei wird 4 ½ Minuten gekocht. Wie lange brauchen sechs Eier?

Antwort: ______________________________

b) Lisa, Max und Maja machen ein Wettrennen und stoppen ihre Zeiten mit einer Stoppuhr. Maja rennt die Strecke in 1 min 35 sek. Max ist doppelt so schnell wie Maja. Lisa braucht halb so viel Zeit wie Maja. Wer kommt als letztes ins Ziel?

Antwort: ______________________________

c) Stefan und Lisa treffen sich. Stefan sagt: „Vor 20 Minuten war ich schon eine Viertelstunde unterwegs.“ Lisa meint: „Ich war vor einer Viertelstunde schon 20 Minuten unterwegs.“ Wie viele Minuten ist jeder insgesamt unterwegs gewesen?

Antwort: ______________________________

d) Herr Müsner hat mit dem Auto eine Strecke von 6 Kilometern zu fahren. Davon fährt er 3 Kilometer durch die Stadt mit einer Geschwindigkeit von 30 km/h. Den Rest der Strecke fährt er über die Landstraße mit einer Geschwindigkeit von 60 km/h. Wie groß ist seine mittlere Geschwindigkeit?

Antwort: ______________________________

e) Andrea feiert ihren 12. Geburtstag.

- Wie viele Monate ist sie alt? ______________________________
- Wie viele Monate dauert es noch, bis sie 18 ist? ______________________________

f) Die größte der ägyptischen Pyramiden ist die Cheops-Pyramide, die sich der Pharao Cheops als Grabstätte errichten ließ. Cheops regierte von 2551 bis 2528 v. Chr.

- Wie viele Jahre hat Cheops regiert? ______________________________
- Vor wie vielen Jahren wurde Cheops gekrönt? ______________________________

g) Die Bauern arbeiteten nur in den Monaten August bis Oktober an der Pyramide mit, weil sie in der übrigen Zeit ihre Äcker versorgen mussten. Bauer Habib arbeitete 8 Jahre am Bau der Pyramide mit. Wie viele Monate verbrachte er auf der Baustelle?

Antwort: ______________________________

h) Im Jahr 1810 lebten 5 784 Menschen in der Stadt Ulmberg. 1900 hatte Ulmberg 17 351 Einwohner. Der Bürgermeister meint: „1900 lebten dreimal so viele Menschen in Ulmberg wie 1810.“

- Stimmt das? ______________________________
- 1850 lebten 11.568 Menschen in Ulmberg. Das sollen doppelt so viele wie 1810 gewesen sein. Ist das richtig? ______________________________

KOHL VERLAG Mit Maßeinheiten rechnen lernen

65 Miniprojekt Wasser

Heute wird in Haushalten viel mehr Wasser verbraucht als vor 50 Jahren. Das Wasser wird knapper und in manchen Gebieten auf der Erde herrscht sogar Trinkwassernot.

Aufgabe 1: *Überlege, welche Gründe zu einem vermehrten Wasserverbrauch führen und schreibe auf.*

____

____

____

____

Wie viel Wasser jeder Haushalt verbraucht, das kann man an der Wasseruhr ablesen. Der Verbrauch wird in Kubikmetern (m^3) gemessen.

Aufgabe 2: *Lies die Anzeigen der Wasseruhr ab.*

a) Wie viel beträgt der Verbrauch in m^3?

Der Verbrauch beträgt __________ m^3.

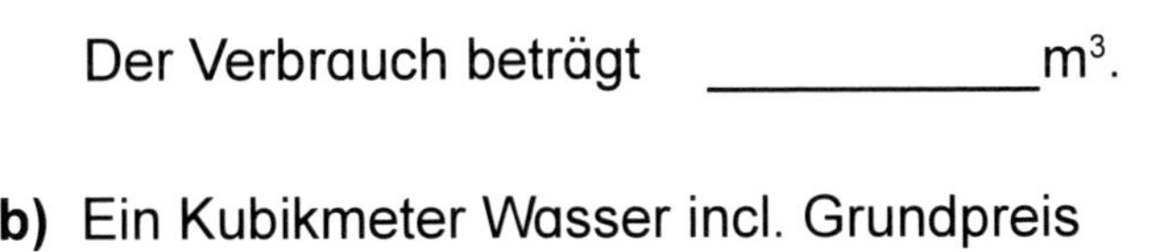

b) Ein Kubikmeter Wasser incl. Grundpreis und Umsatzsteuern kostet momentan etwa 1,40 €. Wie teuer wäre der Verbrauch? __________ €

c) Den Verbrauch kannst du auch in Litern angeben: $1\ m^3 = 1000\ L$.

- Wie viele Liter beträgt der Verbrauch? __________ L

- Wie teuer ist 1 Liter Wasser? __________ €

d) Das ist der Verbrauch für [1 Vollbad 160 L] und [1 Duschbad 80 L].

- Wie teuer ist ein Duschbad? __________ €

- Wie teuer ist ein Vollbad? __________ €

Mit Maßeinheiten rechnen lernen
Mathe ganz praktisch – Bestell-Nr. 19 043
KOHL VERLAG

Aufgabe 3: *Erstelle ein Balkendiagramm für den Wasserverbrauch pro Person an einem Tag.*

Geschirrspüler 30 L

Körperpflege 60 L

WC-Spülung 40 L

Kochen, Trinken 10 L

Putzen 20 L

Wäsche waschen 50 L

Körperpflege						
WC-Spülung						
Wäsche waschen						
Putzen						
Kochen, Trinken						
Geschirrspüler						
	10 L	20 L	30 L	40 L	50 L	60 L

Der weltweite Wasserverbrauch steigt immer weiter an. Das Schaubild zeigt dir den Wasserverbrauch zwischen den Jahren 1900 und 2025.

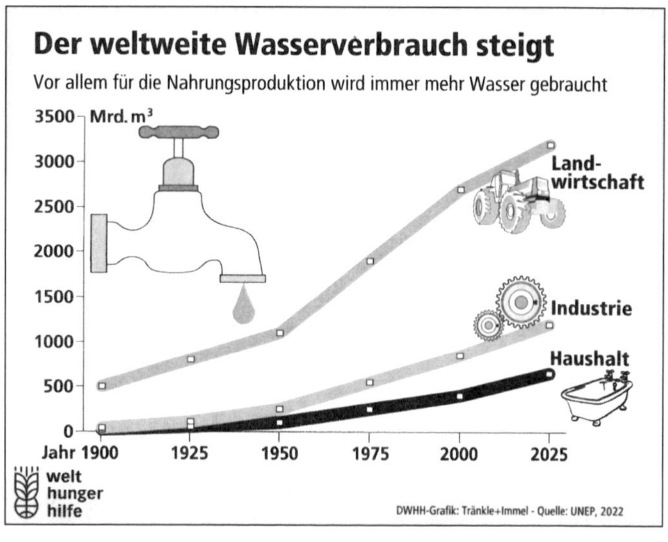

Aufgabe 4:

- *Sieh dir das Schaubild genau an.*
- *Schreibe mindestens fünf Fakten auf, die du in dem Schaubild ablesen kannst.*

- ______________________________
- ______________________________
- ______________________________
- ______________________________
- ______________________________

KOHL VERLAG Mit Maßeinheiten rechnen lernen
Mathe ganz praktisch • Bestell-Nr. 19 043

Aufgabe 5: *Wie ist der folgende Satz zu verstehen? Erkläre.*
(Tipp: Wo wird Wasser gebraucht, bis das Korn zu Brot wird?)

Um 1 kg Brot herzustellen, werden unter besten Bedingungen 1000 Liter Wasser gebraucht.

____

____

____

____

Aufgabe 6: *Du könntest Wasser sparen, wenn du aufmerksam damit umgehst.*
Rechne die jeweilige Ersparnis im Monat aus.

jetziger Verbrauch	zukünftiger Verbrauch	Ersparnis im Monat
Waschmaschine 9 • 30 L	Waschmaschine 9 • 18 L	
WC-Spülung 200 • 8 L	WC-Spülung 200 • 6 L	
Geschirr spülen 30 • 5 L	Geschirr spülen 30 • 4 L	
Auto waschen 4 • 50 L	Auto waschen 2 • 50 L	
Duschen 30 • 80 L	Duschen 30 • 50 L	
Blumen gießen 16 • 2,5 L	Regenwasser sammeln	
Vollbad 4 • 160 L	Vollbad 2 • 160 L	
Geschirrspüler 30 • 30 L	Geschirrspüler 30 • 4 L	

Aufgabe 7: *Im Durchschnitt verbraucht eine Person pro Tag 130 Liter Wasser.*
Wie viele Liter Wasser verbraucht eine Person ...

a) ... wöchentlich? __________ L **b)** ... jährlich? __________ L

Wie viele Liter Wasser verbraucht ein 4-Personen-Haushalt ...

c) ... am Tag? __________ L **d)** ... wöchentlich? __________ L

KOHL VERLAG Mit Maßeinheiten rechnen lernen
Mathe ganz praktisch – Bestell-Nr. 19 043

65 Miniprojekt Wasser

Aufgabe 8: *Berechne den Verbrauch eines tropfenden Wasserhahns.*

Ein tropfender Wasserhahn vergeudet an einem Tag etwa 20 Liter Wasser. Wie viele Liter ungenutztes Wasser sind das ...

a) ... jährlich? __________ L

b) Wie viele m³ sind das? __________ m³

c) Wie viele Euro kostet der tropfende Wasserhahn pro Jahr? ________ €

Eine neue Dichtung für den tropfenden Wasserhahn kostet 0,50 €.

d) Wie viele Dichtungen könnte man für den Betrag kaufen? ________ St.

e) Eine Limoflasche hat 0,75 Liter Inhalt. Wie viele Limoflaschen kannst du mit dem jährlichen Wasserverbrauch eines tropfenden Wasserhahns füllen? ________ Flaschen

NEUHEIT!
Die Sparsame!
Statt 60 L pro Waschgang nur 40 L

Aufgabe 9: *Berechne die Ersparnisse.*

Frau Traut ist umweltbewusst. Sie hat sich eine Waschmaschine gekauft, die nur wenig Wasser verbraucht.

a) Wie viele Liter spart sie bei einem Waschgang? __________ L

b) Sie wäscht zwei Waschgänge pro Woche. Wie viele Liter spart sie? __________ L

c) Im Jahr hat Frau Traut 90 Waschgänge. Wie viele Liter spart sie? __________ L

d) Wie hoch ist die Ersparnis in Euro im Jahr (1 m³ Wasser = 1,40 €)? __________ €

Trotz der Ersparnis ist Frau Traut die Wasserrechnung noch zu hoch. Im folgenden Jahr wäscht sie nur noch mit dem Sparprogramm. Das sind pro Waschgang 35 Liter Wasser.

e) Wie viele Liter spart sie jetzt noch einmal im Jahr? __________ L

KOHL VERLAG Mit Maßeinheiten rechnen lernen

Miniprojekt Wasser

Aufgabe 10: *Löse die Aufgabe mit einem Partner. Ihr könnt die Aufgabe anschaulich lösen, indem ihr statt der Fässer Plastikbecher mit Wasser füllt.*

Drei Söhne eines Weinhändlers wollen sich die Weinvorräte ihres verstorbenen Vaters teilen. Sie finden im Keller vor: 7 volle, 7 halbvolle und 7 leere Fässer. Jeder soll gleich viel Wein und Fässer bekommen, ohne dass sie den Wein umschütten müssen.

____

____

____

Aufgabe 11: *Erarbeite anhand des Textes, wofür der menschliche Körper Wasser benötigt und in welchen Mengen. Schreibe selbst einen Text in dein Heft.*

Der Mensch besteht zu über 60 % aus Wasser. Ohne Wasser überlebt er etwa 3 Tage. Sein Tagesbedarf an Wasser beträgt zwischen 2 und 3,5 Liter. Diese Menge muss er durch Trinken und Essen täglich zu sich nehmen. Ein Wasserverlust von 10 % führt zu Störungen im menschlichen Organismus. Ein Wasserverlust von 20 % bedeutet den Tod. Wasser ist in Schweiß, Urin, Tränen und Blut enthalten. Durch die Verdunstung des Wassers wird dem Körper Wärme entzogen. Wasser dient dem Kärper zur Wärmeregulierung, als Transportmittel für Nährstoffe und unterstützt das Zusammenspiel der Organe.

Aufgabe 12: *Bei einem erwachsenen Menschen liegt der durchschnittliche Tagesbedarf an Wasser bei 40 Gramm pro Kilogramm Körpergewicht. Berechne den Tagesbedarf an Wasser.*

Der Wasserbedarf eines Menschen, der ...	
... 50 kg wiegt, beträgt	Liter pro Tag.
... 60 kg wiegt, beträgt	Liter pro Tag.
... 70 kg wiegt, beträgt	Liter pro Tag.
... 80 kg wiegt, beträgt	Liter pro Tag.
... 90 kg wiegt, beträgt	Liter pro Tag.
... 100 kg wiegt, beträgt	Liter pro Tag.

Dein Körpergewicht?

_______ kg

Dein Wasserbedarf pro Tag?

_______ L

KOHL VERLAG Mit Maßeinheiten rechnen lernen Mathe ganz praktisch – Bestell-Nr. 19 043

Aufgabe 13: *Ordne die passenden Paare durch Verbindungslinien zu.*

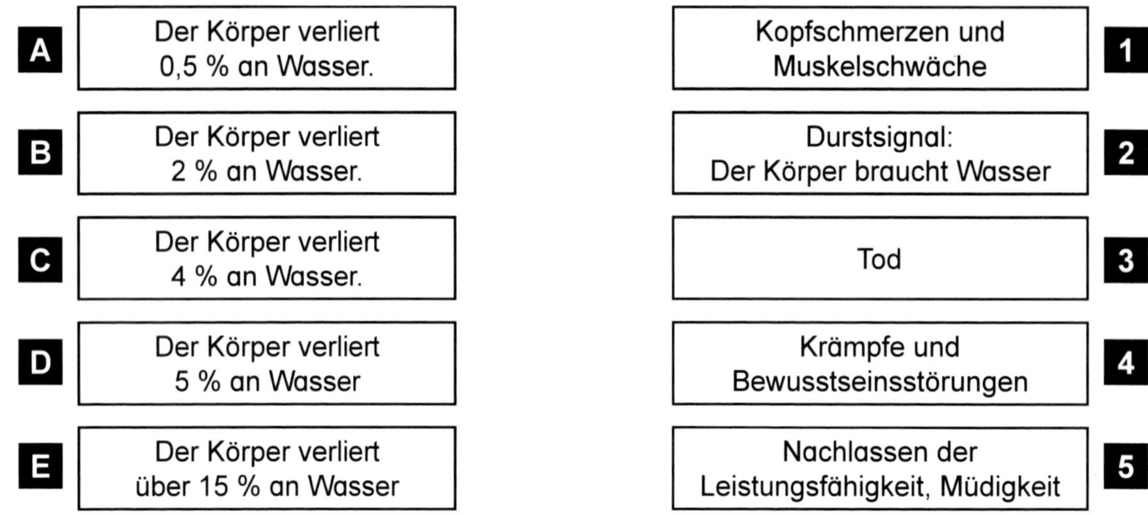

A	Der Körper verliert 0,5 % an Wasser.	Kopfschmerzen und Muskelschwäche	1
B	Der Körper verliert 2 % an Wasser.	Durstsignal: Der Körper braucht Wasser	2
C	Der Körper verliert 4 % an Wasser.	Tod	3
D	Der Körper verliert 5 % an Wasser	Krämpfe und Bewusstseinsstörungen	4
E	Der Körper verliert über 15 % an Wasser	Nachlassen der Leistungsfähigkeit, Müdigkeit	5

Wasser in der Küche

Aufgabe 14: *Wie viel Wasser benötigst du ...*

a) *... wenn du für 10 Personen Spaghetti kochst? Dafür benötigst du 1 kg Nudeln sowie 1½ l Soße. Um die Nudeln abzukochen, brauchst du pro 250 g Nudeln ½ Liter Wasser. Für ½ Liter Soße brauchst du ½ l Wasser.*

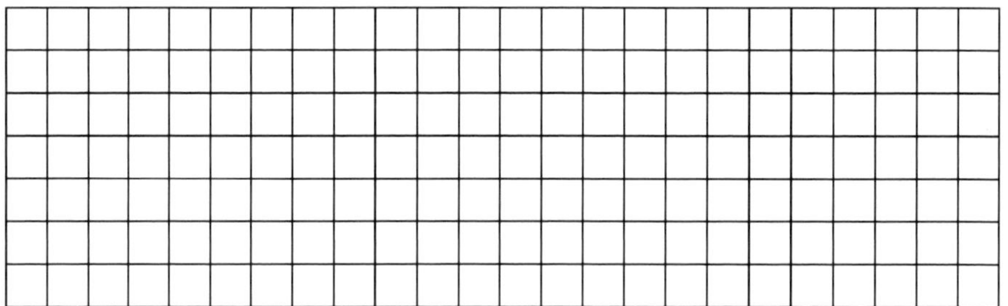

b) *... um das Geschirr deiner 10 Gäste nach dem Essen zu spülen? Dein Spülbecken fasst 12 l Wasser. Du hast es zur Hälfte gefüllt. Mit diesem Wasser spülst du das Geschirr deiner Gäste nur zur Hälfte. Danach lässt du für die andere Häfte des Geschirrs 10 l Wasser ins Becken laufen. Damit kannst du auch noch die Töpfe spülen. Wie viel Wasser brauchst du insgesamt?*

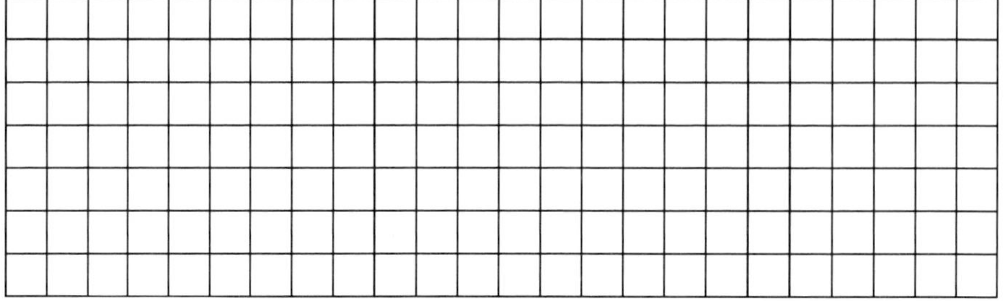

KOHL VERLAG Mit Maßeinheiten rechnen lernen

66 Miniprojekt Auto

Herr und Frau Lange wollen einen Neuwagen kaufen. Sie haben sich einen tollen Wagen ausgesucht und verhandeln mit dem Verkäufer des Autohauses Meyers.

Sonderpreis!!!

Grundpreis	38.950 €
Sonderlack	790 €
Navigerät	420 €
Zulassung	80 €

<u>Aufgabe 1</u>: **a)** *Wie viel kostet der Neuwagen?* ____________ €

b) *Welchen Betrag müssen die Langes in Raten bezahlen?* ____________ €

c) *Wie hoch ist eine Monatsrate?* ____________ €

Inspektionen 350 € im Jahr

Garagenmiete 50 € im Monat

Versicherung 650 € im Jahr

Benzin 250 € im Monat

Wagenwäsche 288 € im Jahr

Steuern 350 € im Jahr

d) *Wie hoch sind die Unkosten für ein Jahr?* ____________ €

e) *Wie hoch sind die Unkosten durchschnittlich in einem Monat?* ____________ €

f) *Wie hoch sind die monatlichen Unkosten incl. Monatsrate?* ____________ €

<u>Aufgabe 2</u>: **a)** Der Neuwagen, den Langes haben möchten, ist auch in der Farbe Rot erhältlich. Er muss aber bestellt werden. Langes bestellen am 10. Juni und bekommen den Wagen am 8. Juli.

Wie lange dauerte die Lieferzeit? __________ *Tage*

b) Herr Lange hat nach einem Monat 2475 km auf dem Tachometer. Er muss an folgenden Kilometerständen eine Inspektion durchführen lassen:
15.000 km, 30.000 km, 45.000 km, 60.000 km und 75.000 km.

- *Wie viele km kann er noch bis zur 1. Inspektion fahren?* _______ km

Mit Maßeinheiten rechnen lernen
Mathe ganz praktisch – Bestell-Nr. 19 043
KOHL VERLAG

- *In welchem Abstand erfolgen die Inspektionen?* __________ *km*
- *Wie viele km kann er noch bis zur 4. Inspektion fahren?* ________ *km*

c) Nach 1½ Jahren beträgt der Tachostand 41.400 km.

- *Welche Inspektionen hat er bereits gemacht?* ______________ *km*
- *Wie viel Kilometer kann er noch bis zur nächsten fahren?* ______________ *km*

Das Autoradio spinnt.
Die Ansagen werden immer wieder gestört.

<u>Aufgabe 3</u>: *Setze die fehlenden Ansagen ein.*

a) Es ist 13:50 Uhr, noch _______ Minuten bis 14:00 Uhr.

b) Es war _______ Uhr, noch 30 Minuten bis 23:00 Uhr.

c) Gleich ist es ________ Uhr, Viertel vor 7 Uhr.

d) Gerade war es 20 Minuten vor 15 Uhr. Es ist ________ Uhr.

e) Gleich ist es _______ Uhr und damit noch 20 Minuten bis Mitternacht.

f) Es ist 30 Minuten nach Mitternacht oder _________ Uhr

g) Es ist 7:21 Uhr. In 39 Minuten erfolgen die _________ Uhr Nachrichten.

Die Maße eines PKWs müssen in Kraftfahrzeugschein eingetragen werden. Dazu gehören Länge, Breite, Höhe und Radstände.

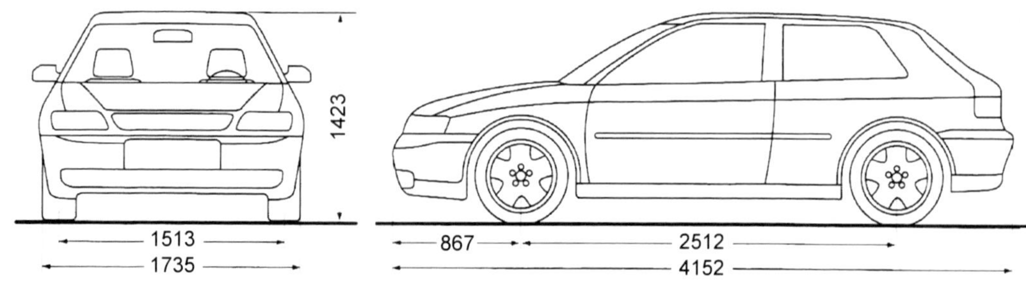

<u>Aufgabe 4</u>: *Trage die passenden Maße ein. Die Maße sind in Millimetern angegeben.*

Länge: ______________ Breite: ______________ Höhe: ______________

Radstand vorne: ______________ Seitlicher Radstand: ______________

KOHL VERLAG Mit Maßeinheiten rechnen lernen

66 Miniprojekt Auto

1423

1513
1735

867 2512
4152

Aufgabe 5: *Rechne die Angaben in Meter um.*

Länge: ____________ Breite: ____________ Höhe: ____________

Radstand vorne: ____________ Seitlicher Radstand: ____________

Früher gab es an jedem Parkplatz eine Parkuhr, in die man Münzen einwerfen musste.

1. PKW

2. PKW

3. PKW

4. PKW

Tarife	
30 min	0,50 €
1 Stunde	1,00 €
2 Stunden	2,50 €

Aufgabe 6:

a) *Welcher PKW kann noch 1 Stunde parken?* ____________

b) *Für den 2. PKW wurden zwei Stunden Parkzeit bezahlt. Wie lange darf er noch parken?* ____________

c) *Wie lange parkt der 2. PKW schon?* ____________

d) *Der 4. PKW parkt schon die Hälfte der Zeit. Für welche Parkzeit wurde bezahlt?* ____________

e) *Wie viel Geld wurde vom Fahrer des 4. PKW in die Parkuhr geworfen?* ____________

Aufgabe 7: *Der Parkuhrzeiger des 3. PKW steht schon unter Null. Was soll das wohl bedeuten? Erkläre.*

____

____

Mit Maßeinheiten rechnen lernen
Mathe ganz praktisch – Bestell-Nr. 19 043
KOHL VERLAG

66 Miniprojekt Auto

Solche Tabellen findest du in einem Autoatlas. Sie geben die Entfernung in Kilometern zwischen zwei Orten an. Hier siehst du einen Ausschnitt aus einer Tabelle.

	Aachen	Augsburg	Berlin	Bielefeld	Bochum	Bonn	Braunschweig	Bremen	Chemnitz	Cottbus	Dortmund	Dresden	Duisburg	Düsseldorf	Erfurt	Essen	Flensburg	Frankfurt a. M.	Frankfurt/Oder	Freiburg i. Br.	Friedrichshafen
Koblenz	152	427	593	289	190	67	386	409	448	611	190	514	178	142	305	167	668	118	655	330	464
Köln	68	526	583	189	94	26	346	324	511	669	94	578	72	42	372	75	582	192	645	447	552
Konstanz	573	257	809	661	590	503	680	800	605	802	575	684	583	567	596	597	994	362	869	125	27
Leipzig	576	431	192	355	508	497	215	370	82	238	431	124	487	493	140	463	553	398	256	663	578
Lübeck	552	844	288	318	419	516	259	179	577	430	408	554	466	489	428	444	160	563	379	831	880
Magdeburg	500	525	172	234	376	454	96	249	255	247	346	229	396	410	171	379	435	433	223	696	683
Mainz	241	364	578	343	252	171	362	472	420	610	247	492	234	219	278	251	676	47	638	278	394
Mannheim	317	282	631	381	308	220	405	536	509	656	326	576	304	285	322	310	721	83	682	198	319
München	650	65	587	592	621	590	616	742	427	586	612	494	663	618	416	642	940	399	652	371	198
Nürnberg	503	133	431	421	454	399	448	573	281	437	432	346	485	449	267	465	769	223	502	397	316
Passau	701	248	639	644	667	619	668	793	479	632	651	546	705	669	462	685	984	443	697	575	388
Potsdam	600	573	34	372	482	568	196	357	268	137	461	204	512	528	287	496	435	528	114	791	724
Regensburg	581	137	519	524	552	499	548	673	359	517	542	426	585	549	347	565	854	323	582	475	320
Rostock	638	745	222	406	544	604	349	296	500	639	496	474	554	579	491	532	275	651	318	920	928
Saarbrücken	274	356	794	498	347	269	524	694	588	774	390	655	361	336	440	366	835	200	800	269	448
Schwerin	589	759	211	351	457	556	303	225	477	358	448	425	478	504	473	468	264	595	303	860	910
Stuttgart	450	168	652	520	434	357	541	657	505	634	458	572	433	414	425	438	849	216	699	206	203
Ulm	537	86	653	549	522	470	570	702	506	619	502	501	520	500	449	524	872	298	684	218	136
Wiesbaden	241	365	579	329	240	179	353	480	419	610	250	488	228	209	276	233	682	32	636	281	402
Würzburg	396	239	474	343	348	292	367	496	403	496	324	470	361	341	269	350	686	116	561	320	325
Wuppertal	122	567	531	147	37	82	306	270	514	614	45	587	58	41	373	41	522	241	591	476	596

Aufgabe 8: *Ermittle die Entfernungen.*

a) Rostock - Bonn: _______ km

b) Frankfurt/Main - München: _______ km

c) Koblenz - Cottbus: _______ km

d) Flensburg - Regensburg: _______ km

Aufgabe 9: *Ermittle folgende Strecken.*

a) München - Bochum - Schwerin: _______ km

b) Passau - Dortmund - Lübeck: _______ km

c) Berlin - Magdeburg - Chemnitz: _______ km

d) Zwischen welchen Städten ist die Entfernung kürzer als 100 Kilometer? Schreibe auf die Rückseite des Arbeitsblattes.

Aufgabe 10: *Beantworte die folgenden Fragen in deinem Heft/Ordner.*

a) Fernfahrer Jens fährt mit einem Tachostand von 67.844 km in Würzburg ab. Am Zielort ist der Kilometerstand 68.530 km.

b) Herr Moser hat den Kilometerstand 39.499, als er in Bonn losfährt. Am Zielort steht der Tacho auf 40.118 km.

c) Familie Sonne hat bei der Abfahrt in Bremen einen Tachostand von 126.517 km. Am Zielort sind es 127.190 km.

Mit Maßeinheiten rechnen lernen
KOHL VERLAG

66 Miniprojekt Auto

Bei einer Verkehrszählung in einer Hauptstraße wurden alle PKW gezählt.
Ein abgebildeter PKW entspricht 1000 Fahrzeugen.

Aufgabe 11: *Sieh dir das Schaubild an und beantworte die folgenden Fragen.*

a) Wann fuhren mehr als 400 PKW durch die Straße?

Um ________________ Uhr

b) Wann fuhren die wenigsten Fahrzeuge durch die Straße?

Um ________________ Uhr

Uhrzeit	
6 – 7	🚗🚗🚗🚗🚗🚗🚗
7 – 8	🚗🚗🚗🚗🚗🚗🚗🚗🚗
8 – 9	🚗🚗🚗🚗🚗🚗
9 – 10	🚗🚗🚗
10 – 11	🚗🚗
11 – 12	🚗🚗🚗
12 – 13	🚗🚗🚗
13 – 14	🚗🚗🚗
14 – 15	🚗🚗🚗🚗
15 – 16	🚗🚗🚗🚗🚗🚗
16 – 17	🚗🚗🚗🚗
17 – 18	🚗🚗🚗

Aufgabe 12: *Stelle das Schaubild als Streifendiagramm dar.*

PKW	1000	2000	3000	4000	5000	6000	7000	8000	9000
Uhrzeit									
6 – 7									
7 – 8									
8 – 9									
9 – 10									
10 – 11									
11 – 12									
12 – 13									
13 – 14									
14 – 15									
15 – 16									
16 – 17									
17 – 18									

Aufgabe 13: *Fahrzeuge gibt es auch als Modell. Sie werden in einem bestimmten Maßstab verkleinert. So kann man ermitteln, wie groß die Fahrzeuge in Wirklichkeit sind. Berechne die Größen.*

Modell ist 30 cm lang
Maßstab 1:14
Wirkliche Größe ist:
30 cm • 14 = 420 cm

Modell 15 cm
Maßstab 1:8,5
Größe ______

Modell 23 cm
Maßstab 1:18
Größe ______

Modell 17 cm
Maßstab 1:65
Größe ______

Modell 15 cm
Maßstab 1:87
Größe ______

Modell 20 cm
Maßstab 1:87
Größe ______

Mit Maßeinheiten rechnen lernen
Mathe ganz praktisch – Bestell-Nr. 19 043

67 Miniprojekt Rekorde

Aufgabe 1: *Berechne die folgenden Aufgaben.*

a) Das ist mit 30,48 m das längste Auto der Welt. Es hat 26 Räder, einen Hubschrauberlandeplatz und einen Swimmingpool. Es kann auch in zwei gleichlange Teile zerlegt werden. Wie lang ist jedes Teil?

____

b) Die längste Thüringer Bratwurst war 1638 m lang. Jerder bekam ein 24 cm langes Stück. Für wie viele Leute reichte die Bratwurst? ______________________

c) Der Chines Gao Chong schaffte es den Fußball 341-mal mit dem Kopf in der Luft zu halten. Dazu benötigte er eine Minute. Wie oft schaffte er es in 1 Sekunde, den Ball mit Kopfstößen in der Luft zu halten? ______________________

d) Sandy ist die größte Frau der Welt. Berechne das Wachstum.

10 Jahre 1,90 m	16 Jahre 2,16 m	19 Jahre 2,31 m

e) Das längste Haar der Welt hat Xie aus China. Es ist 5,62 m lang. Xie hat es seit ihrem 13. Lebensjahr wachsen lassen und ist heute 59 Jahre alt. Wie viele cm ist ihr Haar pro Jahr im Durchschnitt gewachsen? ______ cm

f) Tim hat es geschafft, 15 Teelöffel über 30 Sekunden in seinem Gesicht zu balancieren. ein Teelöffel wiegt 30 g. Welches Gesamtgewicht balancierte Tim?

____

g) Bei dem schnellsten Rap-Song wurden 852 Silben in 42 Sekunden gesprochen. Wie viele Silben waren das pro Sekunde? ______________ Silben

h) Der größte Cremetiegel der Welt ist 2 m im Durchmesser und 53 cm hoch. Er enthält 1.124.490 ml Gesichtscreme. Rechne in Kubikmeter (m^3) um.

______________ m^3

Mit Maßeinheiten rechnen lernen
Mathe ganz praktisch • Bestell-Nr. 19 043
KOHL VERLAG

67 Miniprojekt Rekorde

i) Die größte Schokoladenfabrik hat eine Grundfläche von 185.000 m². Ein Fußballplatz hat eine Größe von 6000 m². Wie viele Fußballplätze stecken in der Fläche der Schokoladenfabrik?
________________ Fußballplätze.

j) Der höchste PKW der Welt ist 3,33 m hoch. Ein normaler PKW ist 1,45 hoch. Berechne den Unterschied.
Unterschied: ____________________

k) Das schnellste Möbelstück der Welt wurde in England gebaut. Das Sofa auf Rädern fährt 150 km/h. Wie lange braucht es für die 1200 km lange Strecke von Flensburg nach München, wenn es immer Höchstgeschwindigkeit fährt?

____

l) Adam Lörincz ist der jüngste Komponist. Er war 14 Jahre und 76 Tage alt, als sein *Musical Star of the King* in Ungarn aufgeführt wurde. Wolfgang Amadeus Mozart schrieb seine erste Oper 1767. Wer von den beiden war jünger?
(TIPP: Info im Lexikon oder Internet!) ____________ war der jüngste Komponist.

m) Mark Sinclair ist der jüngste Marathonläufer, der in jedem Teil der Erde einen Marathonlauf lief und auch beendet hat. Ein Marathonlauf ist 42,5 km lang und es gibt 5 Erdteile.

I) Nenne die fünf Erdteile: ____________________________________

II) Welche Strecke ist Mark insgesamt gelaufen? ______________________ km

n) In 13,4 Sekunden zerteilt Norman eine Gurke in 264 Scheiben. Jede Scheibe ist 2 mm dick. Wie lang war die Gurke? ______________________________

o) Gregory Dunham aus den USA hat das größte fahrbare Motorrad gebaut. Es ist 11 ft 3 in hoch, 20 ft 4 in lang, wiegt 2,94 Tonnen und hat eine Reifengröße von 74 in. Rechne die drei amerikanischen Maße in deutsche um:

1 Fuß (ft) = 0,305 m
1 Inch (in) = 0,025 m

Höhe des Motorrades: _______________________

Länge des Motorrades: _______________________

Reifengröße: _______________________

Miniprojekt Rekorde

p) Lee Redmond hat ihre Fingernägel seit 20 Jahren nicht mehr geschnitten und damit die längsten Nägel der Welt.
Addiere die Länge aller Fingernägel.

Daumen: 76,4 cm und 80,0 cm

Zeigefinger: 72,3 cm und 76,4 cm

Mittelfinger: 74,1 cm und 76,7 cm

Ringfinger: 73,6 cm und 76,2 cm

Kleiner Finger: 71,6 cm und 73,6 cm

Gesamtlänge: __________ cm oder __________ m

q) Ein japanischer Sammler von Original Levi Strauss Jeans hat bei eBay eine 115 Jahre alte Jeans für 60.000 US Dollar ($) ersteigert.
Rechne den Preis in Euro um:
1 $ = 0,65 €
____________________ €

r) Das größte Butterbrot stammt aus einem Imbiss in den USA. Es wiegt 2468 kg.

Notiere dein Gewicht: __________ kg

Rechne aus, wie oft dein Gewicht in das Gewicht des Butterbrotes passt.

Mein Gewicht passt _______ mal.

s) Der größte Rubin (Edelstein) wiegt 8184 g. Er misst in der Länge, Breite und Höhe: 130 mm • 138 mm • 145 mm.

Rechne das Gewicht in Kilogramm (kg) um: ________________ kg

Rechne den Rauminhalt des Edelsteins aus: ________________________ cm³

t) Die längste Modelleisenbahn steht in Hamburg. Sie hat 3 Lokomotiven und 887 Wagen und ist 110 m lang. Der Maßstab beträgt 1:87. In Wirklichkeit hätte der Zug eine Länge von 9607 km.

Stimmt das? Rechne nach. ________________________________

KOHL VERLAG Mit Maßeinheiten rechnen lernen
Mathe ganz praktisch • Bestell-Nr. 10 943

68 Miniprojekt Tiere

1. Tina bekommt einen Hund und berechnet die monatlichen Unkosten (30 Tage).

1 Beutel Trockenfutter pro Woche:	2,59 €
7 kleine Dosen Futter pro Woche zu je:	1,99 €
1 Kauknochen pro Woche:	0,95 €
Impfung 1x pro Jahr:	36,00 €
Entwurmung 2x pro Jahr für insgesamt:	24,00 €

a) Berechne die monatlichen Unkosten. __________ €

b) Tina bekommt 20 € Taschengeld im Monat. Reicht das Geld? _______

c) Die Eltern würden Tinas Taschengeld erhöhen, wenn der Betrag nicht ausreichen sollte. Müssen die Eltern das Taschengeld erhöhen? ______
Wenn ja, um welchen Betrag? __________ €

2. Elias baut mit seinem Vater einen Nistkasten für die Meisen.

a) Sie brauchen 15 cm breite und 18 cm breite Bretter.
Wie lang muss das 15 cm breite Brett sein? __________
Wie lang muss das 18 cm breite Brett sein? __________

b) – Der Meter des 15 cm breiten Brettes kostet 4,50 €.
– Der Meter des 18 cm breiten Brettes kostet 6,50 €.
Wie teuer wird jedes Brett? __________
Was kosten beide Bretter insgesamt? __________

c) Sie brauchen noch 2 Schraubhaken zu je 2,50 €.
Was kosten beide Schraubhaken? __________

d) Sie brauchen noch 50 Nägel, die pro Stück 2 Cent kosten.
Was kosten die Nägel? __________

e) Rechne aus, was Elias und sein Vater im Baumarkt bezahlen müssen.

3. Die Bienen sind ein fleißiges Völkchen.

Die Königin legt jedes Jahr etwa 120.000 Eier. Sie wird 4 Jahre alt.
Wie viele Eier legt sie im Laufe ihres Lebens? ________________ Eier

Die Biene liegt 3 Tage im Ei, ist danach 6 Tage eine Larve und 12 Tage eine Puppe.
Wie viele Wochen dauert die Entwicklung einer Biene? __________ Wochen

Die Bienen saugen Nektar aus den Blüten. Eine Biene saugt in 6 Sekunden eine Blüte leer. Ihre Arbeitszeit beträgt 4 Stunden pro Tag. Wie viele Blüten kann sie in ihrer Arbeitszeit leersaugen? __________ Blüten

Ein Bienenstock hat 20 Waben. Jede Wabe enthält 6000 Zellen, in denen Bienen heranwachsen oder Honig gelagert wird. Wie viele Zellen sind in einem Bienenstock?
__________ Zellen.

4. Der Blauwal ist das größte lebende Säugetier der Erde.

Ein Blauwal wird 33 m lang.
Ein Mensch ist durchschnittlich 1,70 m groß. Wie viele Menschen müssten sich übereinander stellen, um die Länge des Wals zu erreichen? _________ Menschen

Der Blauwal wiegt ca. 130 Tonnen. Wie viele Männer mit einem Gewicht von 80 kg müssten sich auf eine Waage stellen, um das Gewicht des Wals zu erreichen?
_________ Männer

PKWs wiegen durchschnittlich 1 Tonne. Wie viele PKWs wiegen so viel wie ein Wal?
_________ PKWs

Elefanten wiegen im Durchschnitt 4 Tonnen. Wie viele Elefanten sind zusammen so schwer wie ein Blauwal? _________ Elefanten

Gegen das kalte Wasser der Antarktis schützt sich der Wal mit einer 40 cm dicken Speckschicht. Nimm dein Lineal und miss einen Gegenstand von 40 cm ab. Halte ihn vor deinen Bauch. Stelle dir vor, du hättest solch eine Speckschicht am Bauch. Wouh!

Der Blauwal schwimmt in der Stunde etwa 50 km. Wie lange würde er für die 1200 km lange Strecke von Flensburg bis München brauchen? _______ Stunden

Der Blauwal frisst täglich 4 Tonnen Kleinkrebse. Ein LKW wiegt 3,5 Tonnen. Wie viele LKWs verspeist der Blauwal in 1 Woche? _______ LKWs

Die Walfangflotte hat den Blauwal im letzten Jahrhundert fast ausgerottet. Seit 1967 ist er weltweit geschützt. Von 250 000 Blauwalen leben heute noch höchstens 3000. Wie viele sind gefangen worden? _______________

5. Das Walbaby

Ein Walbaby wiegt bei seiner Geburt 3 Tonnen. Das sind _______ kg.

Nach einem Jahr ist das Walbaby neunmal so schwer wie bei der Geburt.
Wie viel wiegt das Walbaby nach einem Jahr (360 Tage)?
_______ Tonnen oder _______ kg.
Das ist eine monatliche Zunahme von _______ kg und eine tägliche Zunahme von _______ kg.

Ein Mensch wiegt bei der Geburt etwa 3,5 kg. Wie schwer wäre ein Kind nach 1 Jahr, wenn es neunmal so viel wiegen würde? _______ kg. Wie ist dein jetziges Körpergewicht? _______ kg.
Vergleiche mit einem einjährigen Walbaby. Notiere: ______________________________

Mit Maßeinheiten rechnen lernen
KOHL VERLAG

68 Miniprojekt Tiere

6. Das Eichhörnchen

Vor dem Winter sammelt das Eichhörnchen Nüsse, Eicheln und Tannenzapfen und versteckt die Vorräte an 1000 verschiedenen Plätzen.

Die Samen aus 5 Tannenzapfen wiegen 1 Gramm. Ein Eichhörnchen frisst täglich die Samen aus 100 Tannenzapfen. Das sind ________ g täglich.

Insgesamt trägt ein Eichhörnchen 10.000 Nüsse, Eicheln und Tannenzapfen als Wintervorräte zusammen. Eine Haselnuss wiegt 2 Gramm. Welches Gewicht müsste das Eichhörnchen schleppen, wenn der Vorrat nur aus Haselnüssen bestehen würde? ________ g oder ________ kg

Wie viele Nüsse, Eicheln und Tannenzapfen sind durchschnittlich in jedem Versteck? ________ Stück

7. Schwergewichte

Ein Blauwal wiegt 130 Tonnen. Ein indischer Elefant wiegt den 26. Teil des Wals und ein Brachiosaurus wog 50 Tonnen weniger.
Wie viel wiegt:
Der Elefant? ________ t Der Brachiosaurus? ________ t

8. Körperlängen

Frosch	6 cm
Katze	50 cm
Floh	3 mm
Heuschrecke	6 cm

Der Frosch springt das 20-fache seiner Körperlänge: ______________

Die Katze springt das 6-fache ihrer Körperlänge: ______________

Der Floh springt das 200-fache seiner Körperlänge: ______________

Die Heuschrecke springt das 30-fache ihrer Körperlänge: ______________

9. Ameisen

Ein Ameisenvolk erbeutet in einer Stunde 8000 Schmetterlingsraupen. Sie arbeiten 8 Stunden am Tag. Wie viele Raupen haben sie erbeutet:

an einem Tag? ____________ Raupen

in einer Woche? ____________ Raupen

10. Elefanten

Elefanten wachsen langsam. Erst mit 10 Jahren bekommt eine Elefantenkuh ihr erstes Baby. Die Tragezeit beträgt etwa 2 Jahre. In den 2 Jahren, in denen sie ihr Baby säugt, wird sie nicht neu tragend. Wie viele Babys kann die Elefantenkuh in 40 Jahren bekommen? ________ Babys

Ein Neugeborenes wiegt 100 Kilogramm und ist 1 Meter groß. Es trinkt 10 Liter Muttermilch pro Tag. Ein Menschenbaby wiegt bei der Geburt 3,5 Kilogramm und ist 50 cm groß.
Wie viele Menschenbabys wiegen ein Elefantenbaby auf? _______ Menschenbabys

Mit Maßeinheiten rechnen lernen
Mathe ganz praktisch – Bestell-Nr. 19 043
KOHL VERLAG

69 Übersicht zu allen Maßeinheiten

Geld

Geldbeträge kannst du auch mit Komma schreiben.

2 € 34 C = 2,37 €

Hier stehen die ganzen Euro.

Hier stehen die 10-Cent-Stücke.

Hier stehen die 1-Cent-Stücke.

Zusatzinformationen

Münzen und Geldscheine hatten früher andere Bezeichnungen als heute. Alte Bezeichnungen sind Kreuzer, Dukaten, Goldmark, Pfennig oder Gulden. Das Geld hatte einen anderen Wert als heute. Ein Brot kostete 2 Kreuzer, ein paar neue Schuhe 12 Kreuzer. Vor 100 Jahren kostete ein Hühnerei ½ Pfennig. Auch unsere Deutsche Mark (DM) gehört seit der Einführung des Euro zu den alten Münzen und Geldscheinen.

100 ct = 1 €

Folgendes Geld gibt es als €-Münzen:

Folgendes Geld gibt es als €-Scheine:

Zeit

Merke:

1 s • 60 = 1 min

1 min • 60 = 1 h

1 h • 24 = 1 d

1 d • 365 = 1 a

1 d = 24 h = 24 • 60 min = 24 • 60 • 60 s

= 1440 min = 86.400 s

15 Minuten (min) = ¼ Stunde (h)
30 Minuten (min) = ½ Stunde (h)
45 Minuten (min) = ¾ Stunde (h)

7 Tage (d) = 1 Woche
30 Tage (d) = 1 Monat
52 Wochen = 1 Jahr (a)

3 Monate = ¼ Jahr
6 Monate = ½ Jahr
9 Monate = ¾ Jahr
12 Monate = 1 Jahr (a)

KOHL VERLAG Mit Maßeinheiten rechnen lernen – Mathe ganz praktisch – Bestell-Nr. 10 943

70 Die Lösungen

Längenmaße

1

1. **a)** Daumenbreite; **b)** Handbreite; **c)** Spanne; **d)** Elle; **e)** Fuß; **f)** Schrittlänge
2. Die Größe der Felder fiel wohl unterschiedlich aus, da die einzelnen Personen unterschiedliche Körpergrößen vorwiesen. So wurden mit denselben Schrittanzahlen unterschiedliche Strecken erreicht.
3. individuelle Lösungen

2

2.

km			m			dm	cm	mm	
H	Z	E	H	Z	E				
					9	6			96 dm
						3	4		34 cm
						2	3	5	235 mm
	3	3							33 km
					8	8			8,8 m
						2	0	1	20,1 cm
					2	0	3	2	2,032 m
			5	2	6	2			526,2 m
		4	3	8	5				4,385 km
						0	0	3	0,03 dm
						2	5	7	2,57 dm
		3	0	3	2				3,032 km
					6	5	4	1	6,541 m
				3	6	5			36,5 m
							4	9	4,9 cm
					3	0	0	4	3,004 m
					5	6	2		5,62 m
						9	3		9,3 dm
	6	5	4	3	2	1			65,4321 km
						2	2		2,2 dm

3. Die Behauptungen stimmen, aber man kann sie nicht beweisen.

3

1. **A)** 9 m = 900 cm, 9 dm = 90 cm, 9930 mm = 993 cm, 9 m 3 dm = 930 cm, 9 dm 4 cm = 94 cm, 99 dm = 990 cm, 9 m 38 cm = 938 cm, 93 m = 9300 cm
B) 6 m 48 cm = 648 cm, 66 dm = 660 cm, 6 dm 4 cm = 64 cm, 64 m = 6400 cm, 6 m = 600 cm, 6 m 4 dm = 640 cm, 6 dm = 60 cm, 6440 mm = 644 cm
C) 51 km 70 m = 51.070 m, 5 km 700 m = 5700 m, 60 km 80 m = 60.080 m, 2 km 210 m = 2210 m, 2 km = 2000 m, 20 km 30 m = 20.030 m, 5 km 7 m = 5007 m, 6 km 850 m = 6850 m
D) 8 km = 8000 m, 80 km 40 m = 80.040 m, 8 km 410 m = 8410 m, 3 km 5 m = 3005 m, 31 km 50 m = 31.050 m, 3 km 500 m = 3500 m, 5 km 750 m = 5750 m, 50 km 70 m = 50.070 m

4

1.

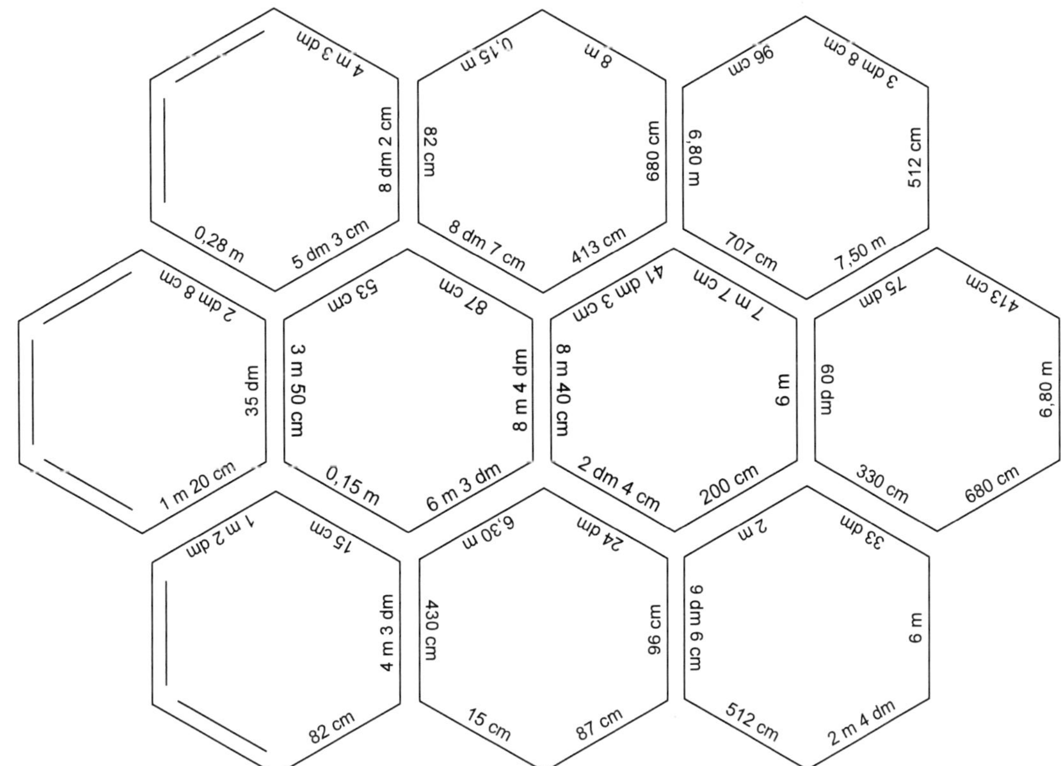

Mit Maßeinheiten rechnen lernen
Mathe ganz praktisch – Bestell-Nr. 19 043
KOHL VERLAG

Die Lösungen

5

1. 78,16 dm, 0,425 km, 0,2609 km, 37,06 cm, 95,58 m, 0,525 m, 2,557 m, 0,0003191 km

2.

km	m	dm	cm	mm
-----	9,056	90,56	905,6	-----
-----	6,392	63,92	639,2	6392
0,02457	24,57	245,7	-----	-----
-----	0,078	0,78	-----	78
0,00523	5,23	52,3	523	-----
0,0084	8,4	84	-----	8400
-----	0,0075	0,075	0,75	7,5
0,23364	233,64	2336,4	23.364	233.640

6

1. Falsche Ergebnisse: 152 m + 386 m = 538 m ; 17.645 m + 5003 m = 22.648 m;
13.601 cm + 1425 cm = 15.036 cm; 6381 cm + 12.604 cm = 18.985 cm; 1433 cm + 385 cm = 1818 cm

2.

+	392 m	2004 m	8631 m	11.503 m	11.186 m
4052 m	4444	6056	12.683	15.555	15.238
13.591 m	13.983	15.595	22.222	25.094	24.777
22.147 m	22.539	24.151	30.778	33.650	33.333
66.274 m	66.666	68.278	74.905	77.777	77.460
1329 m	1721	3333	9960	12.832	12.515

Lösungswort: KLASSE

3. Richtige Ovale: 134.000 mm – 79 m = 55 m; 1340 dm – 79 m = 55 m; 134 m – 79 m = 55 m

4. **a)** Die Gänse nehmen 3,05 m ein.
b) Die übriggebliebene Straßenbreite beträgt an beiden Seiten je 1,15 m.

7

1. **I.** 22,5 m; 46,8 m; 25,65 m; 69,86 m; 13,44 m; 20,25 m
II. 95,8 cm; 325,15 cm; 593,88 cm; 264,4 cm; 565,65 cm; 369 cm; 63,15 cm; 152,8 cm; 405,24 cm
III. 6,68 dm; 4,81 dm; 21,45 dm; 15,05 dm; 16,06 dm; 3,18 dm; 3,09 dm; 7,01 dm; 4,03 dm
IV. 69,01 km; 157,12 km; 103,97 km; 109,65 km; 94,54 km; 58,22 km
V. 0,91 km; 2,241 m; 1,952 cm; 1,612 m; 0,937 dm; 0,975 cm
VI. 24,04 m; 20,97 km; 63,09 m; 229,6 dm; 82,62 cm; 217,84 m

2.

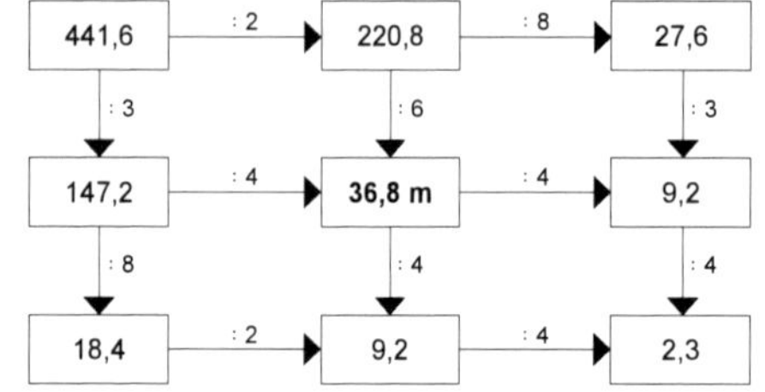

3. **a)** Die Banklänge beträgt 3 Meter.
b) Die Banklänge beträgt 4,20 Meter.

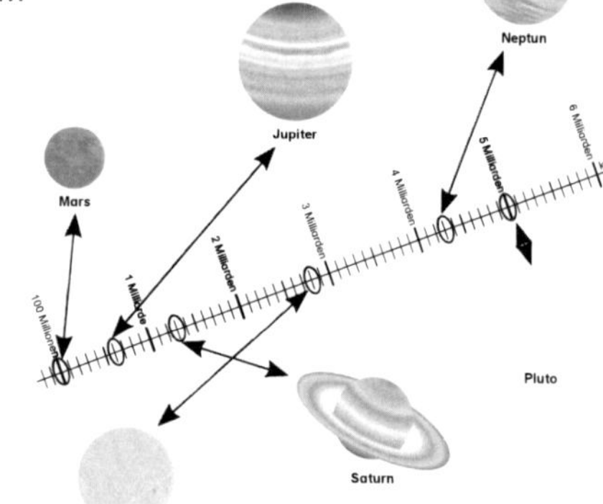

8

1. Schneiderin – Schreiner – Schlosser – Ingenieur – Architekt – Elektriker – Städteplaner – Schornsteinfeger – Metzger – Landvermesser

2. Kochtopf – Vogelnest – Teekanne – Suppenschüssel – Kaffeetasse – Ohren – Torte – Kaugummi

3. Tischplatte 160 cm/120 cm; Briefmarke 30 mm/20 mm; Sportplatz 120 m/80 m; Teppich 3 m/2 m; Küchenbrett 18 cm/15 cm; Zimmerfußboden 6,50 m/4,50 m; Buchdeckel 30 cm/20 cm; Autobahnabschnitt 2 km/24 m; Handtuch 80 cm/40 cm;
Nicht zuzuordnen: 1 mm und 2 mm; 2 000 km und 200 m

5. Zusammengehörende Paare: 1,7 km - 1700 m; 17 m - 1 700 cm; 170 mm - 0,17 m; 17 km - 170 000 dm; 17 cm - 1,7 dm; 170 dm - 17 m

10

2. **a)** CN Tower **b)** Cheopspyramide **c)** 405 Meter Unterschied

3. Burj Khalifa mit 828 Metern.

4. Die Chinesische Mauer hat eine Länge von 2 500 km.

5. **a)** Es hängt 250 m über der Erde. **b)** 321 km + 217,5 km + 218 km + 450 km + 206 km = 1 412,5 km

KOHL VERLAG Mit Maßeinheiten rechnen lernen

11 **1.** Das Blumenbeet ist 6 m lang.

12 **1.** **a)** 3,75 m; **b)** keine Lösung; **c)** 31 m; **d)** keine Lösung; **e)** 346,5 cm oder 3,465 m; **f)** keine Lösung; **g)** 99 m; **h)** 23 Umdrehungen; **i)** 2,25 m; **j)** 70 cm/40 cm; **k)** 15 Stücke; **l)** 13 Pfosten

Flächenmaße

13 **2.** Von links nach rechts: Quadrat – Rechteck – Dreieck – Kreis – Fünfeck – Sechseck

3. Schranktüren – Teppichboden – Bauplan – Schaufensterscheibe – Brillengläser – Schubladen – Autoteile – Zimmertüren – Fliesen – Rechenheft – Scheibe für Monitor – Windschutzscheibe

4. Von links nach rechts: ▭ ○ ○ △ ○ △ ▭ ▭ ○ ○ ▭ ▭ ○ ○ ○ ▭ ○ ○

5. **a)** 11 m^2; **b)** 70 dm^2; **c)** 13,9 dm^2; **d)** 150 mm^2; **e)** 23,3 m^2; **f)** 2094 mm^2; **g)** 18,75 cm^2; **h)** 28.136 mm^2; **i)** 3801,2 dm^2; **j)** 21.855,04 dm^2

15 **1.** 66 cm^2 31 mm^2 = 6 631 mm^2; 400 ha = 40.000 a = 4 km^2 = 400 ha; 200 cm^2 = 20.000 mm^2; 73 dm^2 12 cm^2 = 7312 cm^2; 60 m^2 = 6000 dm^2; 17 cm^2 42 mm^2 = 1742 mm^2; 13 m^2 3 dm^2 = 1303 dm^2; 37 dm^2 9 cm^2 = 3709 cm^2; 70.000 a = 7.000.000 m^2; 49 dm^2 8 cm^2 = 4908 cm^2; 67 m^2 = 670.000 cm^2

16 **1.** **a)** Sportplatz = 160 m; Tunnel = 24.060 m; Tulpenbeet = 90 m; Radweg = 306 m; Rasenplatz = 90 m; Hecke = 120,6 m; Terrasse = 80 m; Parkplatz = 50 m; Bauplatz = 110 m; Autobahn = 240.030 m; Skaterbahn = 380 m; Waldstück = 492 m; Spielplatz = 80 m; Wanderweg = 90.004 m
b) Sportplatz = 320; Tunnel = 48.120; Blumenbeet = 180; Radweg = 612; Rasenplatz = 180; Hecke = 241,2; Terrasse = 160; Parkplatz = 100; Bauplatz = 220; Autobahn = 480.060; Skaterbahn = 760; Waldstück = 984; Spielplatz = 160; Wanderweg = 180.008

3. Küche = 11,5 m; Wohnzimmer = 20,4 m; Kinderzimmer = 17,4 m; Bad = 9,8 m; Schlafzimmer = 15,8 m

17 **1.** Sportplatz = 1500 m^2; Tunnel = 360.000 m^2; Tulpenbeet = 486 m^2; Radweg = 450 m^2; Rasenplatz = 450 m^2; Hecke = 18 m^2; Terrasse = 375 m^2; Parkplatz = 100 m^2; Bauplatz = 750 m^2; Autobahn = 1.800.000 m^2; Skaterbahn = 8400 m^2; Waldstück = 5720 m^2; Spielplatz = 391 m^2; Wanderweg = 90.000 m^2

2. Küche: 7,81 m^2; Wohnzimmer: 26 m^2; Kinderzimmer: 18,02 m^2; Bad: 5,0025 m^2; Schlafzimmer: 15,3 m^2

3. Von links nach rechts: 7 m; 5 mm; 9 km; 25 m; 12 cm; 13 km

4. Individuelle Lösungen.

18 **1.** **a)** Spielplatz = 8 cm/5 cm; Supermarkt = 9 cm/6 cm; Klassenraum = 0,8 cm/0,5 cm; Garten = 25 cm/42 m; See = 120 cm/250 cm; Wohnzimmer = 0,65 cm/0,55 cm
b) Parkplatz = 1 600 cm/900 cm (16m/9m); Gehweg = 350 000 cm/300 cm (3 500 m/3 m); Waldgebiet = 2 500 000 cm/4 300 000 cm (25 km/43 km); Brücke = 900 cm/400 cm (9 m/4 m); Wiese = 1 300 cm/2 900 cm (13 m/29 m); Fenster = 200 cm/150 cm (2 m/1,5 m)

2. Linke Spalte: 1,5 cm; 0,5 cm; 2 cm; 2 cm; 2 cm; 3 cm; 0,5 cm
Rechte Spalte: 0,5 cm; 0,5 cm; 1 cm; 1,5 cm; 0,5 cm; 1 cm; 0,5 cm

19 **1.** **a)** 500; **b)** 4 500; **c)** 35; **d)** 400; **e)** 1,5; **f)** 900; **g)** 30.000; **h)** 560; **i)** 7000; **j)** 200; **k)** 47; **l)** 2300; **m)** 0,96; **n)** 300; **o)** 70.000; **p)** 1222

2. **a)** 10; **b)** 14; **c)** 8; **d)** 13; **e)** 16,6; **f)** 28; **g)** 18; **h)** 12

3. **a)** 4500; **b)** 10.500; **c)** 28.500; **d)** 3000; **e)** 8250; **f)** 11.250; **g)** 18.000; **h)** 13.950; **i)** 12.000; **j)** 7500; **k)** 3750; **l)** 12.300

4. Keiner besitzt mehr Land: Schulz: 23.000 a – Bissel: 23.000 a – Terhoven: 23.000 a

5. Von oben nach unten: 33 ha; 12.300 a; 208 ha; 49 ha; 6700 a

6. Zusammengehörende Paare: 17.018 cm^2 - 170,18 dm^2; 17,018 m^2 - 1701,8 dm^2; 17,018 mm^2 - 0,17018 cm^2; 170,18 cm^2 - 1,7018 dm^2

20 **1.** **b)** Schleswig-Holstein: 15.763 km^2; Bremen: 404 km^2; Hamburg: 755 km^2; Niedersachsen: 47.618 km^2; Mecklenburg-Vorpommern: 23.173 km^2; Berlin: 892 km^2; Brandenburg: 29.476 km^2; Sachsen-Anhalt: 20.445 km^2; Sachsen: 18.413 km^2; Thüringen: 16.172 km^2; NRW: 34.083 km^2; Hessen: 21.115 km^2; Rheinland-Pfalz: 19.847 km^2; Saarland: 2569 km^2; Baden-Württemberg: 35.752 km^2; Bayern: 70.549 km^2

21 **1.** 1659,34 m^2 / individuelle Lösungen

2. Umfang = 125,04 m; Fläche = 344,274 m^2

22 **1.** **a)** 15.000 €; **b)** 1510 m^2; **c)** keine Lösung; **d)** 48 Schubkarren; **e)** keine Lösung; **f)** 60 Bauklötze; **g)** 6 m^2 /übrig: 594 m^2; **h)** 18.000 Platten/153.000 €/11.250 €/164.250 €; **i)** nein/300; **j)** keine Lösung; **k)** 3 600 t; **l)** 35,85 m^2 = 266,85 €; **m)** 170 m; **n)** 754 m; **o)** 120 m; **p)** nein/2/350 €/1 400 €; **q)** 3 Rollen/2,5 Rollen werden benötigt; **r)** 63.000 €

Raummaße

23 **1.** Ziegel – Äxte – Hüte – Rinder – Stiefel

2. Die Angaben sind ungenau. **3.** individuelle Lösungen

24 **2.** Von oben nach unten: 18,047 m^3 – 6,003 m^3 – 102,005 dm^3 – 766.015 cm^3 – 8,089 dm^3 – 87,033 dm^3 – 40.009,311 cm^3 – 34.097,778 cm^3 – 50.000,881 dm^3 – 11,055 m^3 – 485,003 dm^3 – 16.009 dm^3 – 0,008046 m^3 – 8008,2 dm^3

25 **2.** **a)** 2¼; **b)** 4; **c)** 2; **d)** 2; **e)** 40; **f)** 46; **g)** 1¾; **h)** 5

3. 3 dm^3 = 3000 cm^3 (0 3 l); 1,2 l + 0,9 l + 0,5 l = 2,6 l (= 2600 cm^3); 2600 cm^3 + 500 cm^3 = 3100 cm^3 Die Bowle passt nicht in die Schüssel.

4. **a)** $\frac{64}{768}$ Sekunden; **b)** ⅝ Liter

5. 2,375 l + 3,250 l + 1,750 l + 1,500 l + 0,750 l = 9,625 l (täglich); 9,625 l + 7 Tage = 67,375 l / Woche

26 **1.** ⅛ l - 125 ml; ½ l - 500 ml; ¾ l - 750 ml; 1 l - 1000 ml; ¼ l - 250 ml

3. **a)** 1000; **b)** 5000; **c)** 3500; **d)** 4750; **e)** 100; **f)** 660; **g)** 875; **h)** 230; **i)** 170; **j)** 3700; **k)** 10; **l)** 990

4. **a)** 4,5; **b)** 3,333; **c)** 8,6; **d)** 0,62; **e)** 1,25; **f)** 0,057; **g)** 0,13078; **h)** 0,708; **i)** 4,999; **j)** 0,037; **k)** 0,004; **l)** 0,099

28 **1.** Schnapsglas = 20 cm^3; Hustensaftflasche = ¾ l; Joghurtbecher = ⅛ l; Tasse = ⅕ l; Eimer = 12 l; Espressotasse = 100 cm^3; Gießkanne = 8 l; Fingerhut = 4 cm^3

2. **a)** 500; **b)** 650; **c)** 5; **d)** 45; **e)** 35; **f)** 600; **g)** 40; **h)** 8; **i)** 6; **j)** 2,6; **k)** 400; **l)** 7

3. Mutter hat 16 Liter Suppe gekocht.

29 **1.** Mülltonne, Regenfass, Teich, See, Badewanne, Schwimmbecken, Bierfass, Holzbottich, Ölfass, Weinfass, Teerfass, Essigfass

2. **a)** 300; **b)** 650; **c)** 350; **d)** 820; **e)** 760; **f)** 12; **g)** 36; **h)** 8; **i)** 20,5; **j)** 0,3

3. **a)** 250; **b)** 500; **c)** 450; **d)** 1,5; **e)** 3; **f)** 2,4; **g)** 25; **h)** 1; **i)** 0,045; **j)** 0,5

4. **a)** 30 - 2; **b)** 10 - 6; **c)** 98 - 5; **d)** 65 - 6; **e)** 12 - 9; **f)** 98 - 10

5. keine Lösung

30 **1.** individuelle Lösung

2. **a)** 384; **b)** 68,75; **c)** 3584; **d)** 25; **e)** 576.000; **f)** 9; **g)** 84.000

3. Von links nach rechts: 15; 2700; 75; 150; 21 600; 450

4. Wohnzimmer – Zelt – Wohnmobil – Partyraum

70 Die Lösungen

31 **1.** **hellgrün:** 1, 5, 22, 23, 24, 6, 10, 11, 18, 14, 16, 20, 19, 13, 12, 26, 27, 28, 30, 32, 33
braun: 3,1; 0,1; 0,4; 2,9; 1,3; 0,3; 2,3; 0,8; 0,9; 2,7; 1,2; 0,2; 0,5; 1,1; 1,8; 3,9; 0,7; 0,6
grau: 34, 36, 37, 35, 38, 39, 40
rot: 7; 3; 21; 2; 29; 8; 25; 7,5; 9; 2,5; 1,5; 15; 8,5; 31; 100; 125; 17; 4
gelb: 90, 80, 50, 60, 70, 110

32 **1.** **Ja** = a), b), d), e), i)

2. individuelle Lösungen

3. individuelle Lösungen

4. **a)** Die Hustensaftflasche reicht für 10 Tage.
b) Das Fischbecken hat ein Volumen von 30 m³. Das Leeren des Beckens dauert 300 Minuten/5 Stunden.
c) Es können 15 kg Butter hergestellt werden.

Gewichte

33 **1.** Fernseher – Waschmaschine – Kuh – Pferd – Schwert – Handy – Cornflakes – Sense

2. Von oben nach unten: 1 Sack Kartoffeln, 3 Hühner, 1 Pferd, 1 Kuh, 1 Fass Schmalz, 2 Mastgänse
(Anmerkung: Über die gewählte Reihenfolge kann durchaus auch kontrovers diskutiert werden ...)

34 **1.** Linke Spalte von oben nach unten: 4045 – 3224 – 5675 – 244.015 – 2010 – 67.200 – 3005 – 483.084 – 345.100 – 6905
Rechte Spalte von oben nach unten: 40.003 – 4.000.003 – 2.000.050 – 202 – 105 – 36.001 – 23.004 – 891.070 – 32.006 – 604.025

35

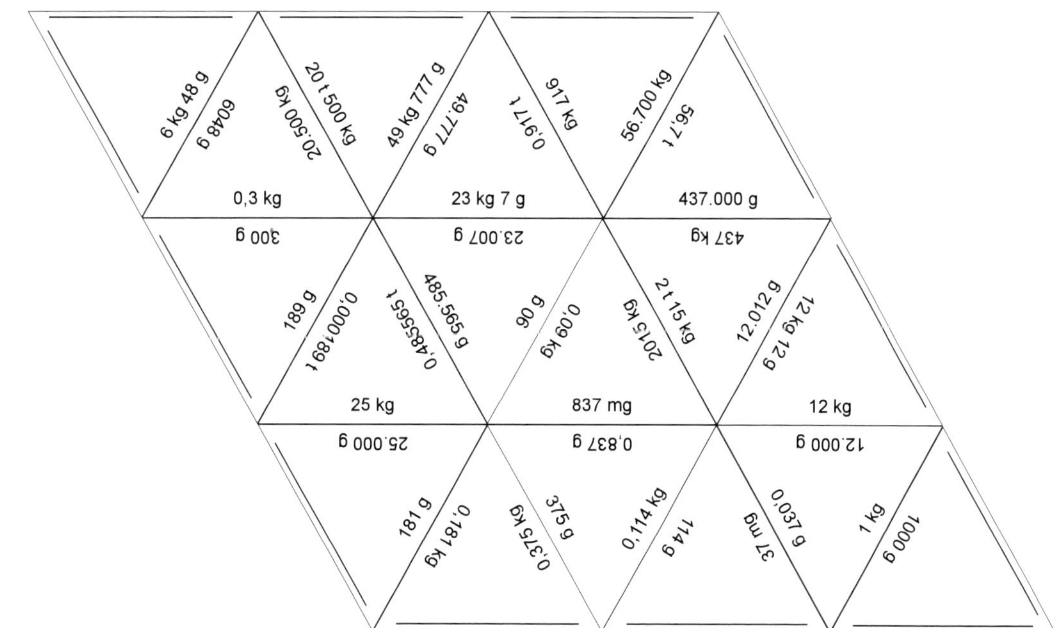

36 **1.** **A:** Er wiegt auf jeder Seite 3 Kugeln ab. Bei Gleichgewicht der Waage muss die schwerere noch übrig sein. Schlägt eine Seite der Waage nach unten aus, nimmt Malte 2 der Kugeln aus dieser Schale und wiegt sie gegeneinander ab. Ist die schwere dabei, zieht sie die Waage nach unten. Ist die Waage aber gleich, ist die schwere Kugel die übrige dieser drei Kugeln.
B: Sie teilt ihre Kugeln in 3 Dreiergruppen. Sie wiegt 3 gegen 3 Kugeln:
1. Zieht die schwere Kugel die Waage nach unten, nimmt Neele 2 Kugeln von den 3 Kugeln und wiegt sie. Ist die Waage im Gleichgewicht, kann die schwere nur die übrig gebliebene sein.
2. Ist die Waage gleich, liegt die schwerere in der letzten Dreiergruppe am Boden. Sie nimmt 2 Kugeln aus der letzten Dreiergruppe und wiegt sie gegeneinander ab. Ist die Waage im Gleichgewicht, liegt die schwere noch am Boden.

C: Er teilt seine Kugeln in Dreiergruppen zu je 9 Kugeln. Die Neunergruppe, die die schwere Kugel enthält, wird wieder in 3 Dreiergruppen geteilt. Er wiegt 2 Dreiergruppen. Er wiegt dann wie Neele bei Punkt 1. und 2.

Mit Maßeinheiten rechnen lernen
Mathe ganz praktisch – Bestell-Nr. 19 043

70 Die Lösungen

37

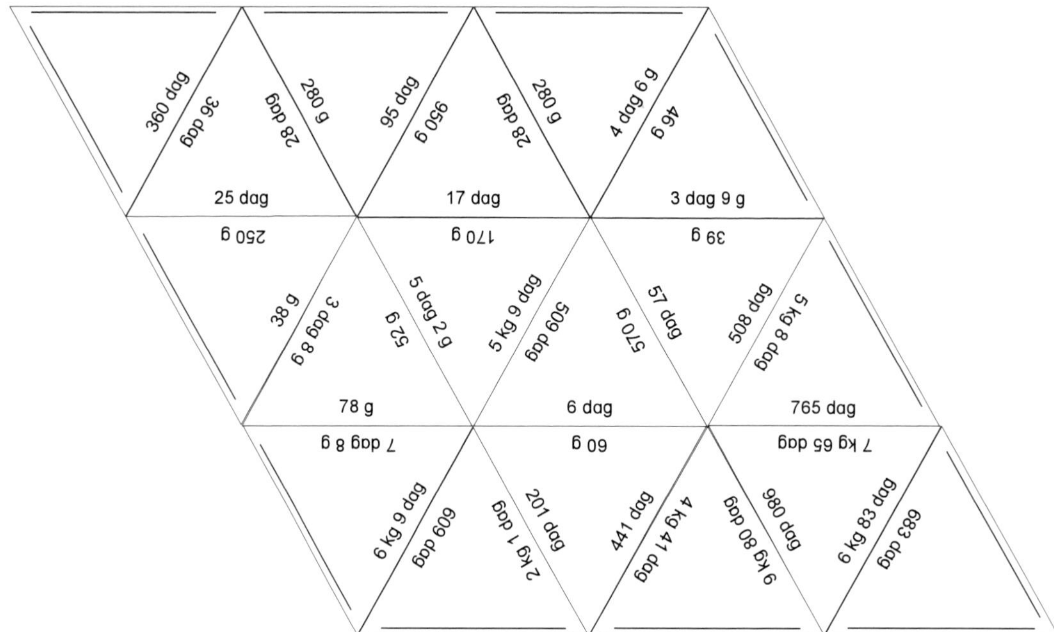

38

1. 780 g = 0 kg 780 g = 0,780 kg; 1052 g = 1 kg 52 g = 1,052 kg; 3431 g = 3 kg 431 g = 3,431 kg; 3631 g = 3 kg 631 g = 3,631 kg; 4800 g = 4 kg 800 g = 4,800 kg; 4853 g = 4 kg 853 g = 4,853 kg; 9275 g = 9 kg 275 g = 9,275 kg; 9665 g = 9 kg 665 g = 9,665 kg

39

1. <u>Linke Spalte von oben nach unten</u>: 2599 – 7 – 84 – 0,091 – 8,588 – 3003 – 1000,3 – 6,8 – 130 – 540.340
<u>Rechte Spalte von oben nach unten</u>: 3150 – 6300 – 10.000 – 1,4 – 1,4 – 440 – 1 – 4 – 835 – 1,96

2. individuelle Lösung

3. <u>Zusammengehörende Paare</u>: a) 4763 g; b) 62.666 g; c) 4132 g; d) 2424 kg; e) 2.014.024 g; f) 1.004.391 g; g) 1.009.211 g; h) 11.572 g

4. **a)** 40,5 kg **b)** keine Lösung

40

1. individuelle Lösung

2. Beantwortbare Fragen: c), d), g)

3. **a)** 450 g
b) 1850 kg / 1900 kg
c) Nein. Zusammen bringen die Fahrzeuge 31,5 t auf die Waage ... zu viel für die Brücke.

4. individuelle Lösung

5. **a)** 268 g
b) 3750 g (3 kg 750 g)
c) 70 kg
d) 45 kg

KOHL VERLAG Mit Maßeinheiten rechnen lernen

70 Die Lösungen

Geld

41

1. **a)** *(von oben nach unten)* 26 – 24 – 15 – 7 – 18 – 3 – 13 – 22 – 3 – 4
   b) *(von oben nach unten)* 6 – 12 – 60 – 175 – 200 – 24 – 100 – 320

2. individuelle Lösungen

42

1. 5 ct; 50 €; 20 €; 50 ct; 10 ct; 20 ct; 1 ct; 10 €; 2 €; 1 €; 2 ct; 5 €

2. **a)** 7; **b)** 12; **c)** 19; **d)** 9

3. **a)** 1600; **b)** 1200; **c)** 2500; **d)** 1000; **e)** 260; **f)** 175; **g)** 160;
   h) keine Lösung (1000-€-Scheine gibt's nicht)

4. **a)** 1050; **b)** 2835; **c)** 2120; **d)** 1010

43

1.

	Euroscheine							Euromünzen							
								Euro		Cent					
	500	200	100	50	20	10	5	2	1	50	20	10	5	2	1
135 € 73 C			1x		1x	1x	1x			1x	1x			1x	1x
213 € 50 C		1x				1x		1x	1x	1x					
75 € 23 C				1x	1x		1x				1x			1x	1x
611€ 4 C	1x		1x			1x			1x					2x	
999 € 99 C	1x	2x		1x	2x		1x	2x		1x	2x		1x	2x	
33 € 87 C					1x	1x		1x	1x	1x	1x	1x	1x	1x	
474 € 66 C		2x		1x	1x			2x		1x		1x	1x		1x
25 € 19 C					1x		1x					1x	1x	2x	
321 € 13 C		1x	1x		1x				1x			1x		1x	1x
555 € 5 C	1x			1x			1x						1x		
837 € 88 C	1x	1x	1x		1x	1x	1x	1x		1x	1x	1x	1x	1x	1x
46 € 93 C					2x		1x		1x	1x	2x			1x	1x
32 € 77 C					1x	1x		1x		1x	1x		1x	1x	
703 € 4 C	1x	1x						1x	1x					2x	
1002 € 9 C	2x							1x					1x	2x	
2500 € 4 C	5x													2x	
6000 € 2 C	12x													1x	
90 € 5 C				1x	2x								1x		
10.000 €	20x														
3 € 99 C								1x	1x	1x	2x		1x	2x	
4567 € 20 C	9x			1x		1x	1x	2x			1x				
3009 € 84 C	6x						1x	2x		1x	1x	1x		2x	
7777 € 77 C	15x	1x		1x	1x		1x	1x		1x	1x		1x	1x	
9999 € 9 C	19x	2x		1x	2x		1x	2x					1x	2x	
6 € 82 C							1x		1x	1x	1x	1x		1x	
4312 € 7 6 C	8x	1x	1x			1x		1x		1x	1x		1x		1x

44

3,01 €
802 ct
5,03 €
208 ct

0,15 €
8 €
6,80 €
413 ct
0,87 €
8,02 €

96 ct
3 € 8 ct
512 ct
7,50 €
707 ct
6 € 80 ct

2 € 8 ct
35 ct
1 € 20 ct

503 ct
87 ct
8,40 €
630 ct
1500 ct
0,35 €

4 € 13 ct
7 € 7 ct
6 €
200 ct
2400 ct
8 € 40 ct

750 ct
4130 ct
980 ct
68 €
330 ct
600 ct

1,20 €
15 €
43 €
5 €

6,30 €
24 €
96 €
5 ct
17 ct
4300 ct

2 €
33 €
6 €
24 ct
512 €
9600 ct

KOHL VERLAG

Mit Maßeinheiten rechnen lernen
Mathe ganz praktisch – Bestell-Nr. 19 043

Die Lösungen

45

1. **a)** 4 € 40 ct; **b)** 7 € 56 ct; **c)** 14 € 80 ct; **d)** 58 € 10 ct; **e)** 28 € 5 ct; **f)** 90 € 99 ct
2. **a)** 14.000; **b)** 435.000; **c)** 132.400; **d)** 418; **e)** 1855; **f)** 3305; **g)** 525; **h)** 3204; **i)** 78; **j)** 1007
3. **a)** 9,80; **b)** 23,50; **c)** 7,04; **d)** 9,40; **e)** 9,09; **f)** 45,00; **g)** 10,00; **h)** 1,25; **i)** 254,99; **j)** 73,04
4. **a)** 8997 / 89,97; **b)** 272,96 / 27.296; **c)** 3184,76 / 318.476; **d)** 215,25 / 21.525; **e)** 257,92 / 25.792
5. Jeder gewinnt 3553 €.
6. **a)** 54; **b)** 1496; **c)** 8,75; **d)** 64,80; **e)** 450; **f)** 390; **g)** 875; **h)** 4000; **i)** 66,30; **j)** 280 €
7. **a)** 0,31; **b)** 4,70; **c)** 1,68; **d)** 12; **e)** 0,45; **f)** 2,06; **g)** 50; **h)** 10,75; **i)** 7107; **j)** 80 €
8. **a)** 15,87; **b)** 10,01; **c)** keine Lösung; **d)** 6; **e)** 24,91; **f)** keine Lösung; **g)** 38,66; **h)** 39,01; **i)** 37,64 **j)** 26,75 €
9. **a)** 71; **b)** 1; **c)** 38; **d)** 59; **e)** 88; **f)** 68,95; **g)** 0,01; **h)** 77,78; **i)** 53,11; **j)** 45,50; **k)** 82,70; **l)** 79,91; **m)** 19,20; **n)** 0; **o)** 99,09; **p)** 75,24 €
10. Sie müssen 7,30 € bezahlen.
11. *(von oben nach unten)* 6,75 – 1,01 – 5,50 – 8,05 – 4,65 – 24,75 – 16,02 – 24,01 – 174,01 – 91,41
12.

Betrag	Euroscheine							Euromünzen								
								€		Cent						
	500	200	100	50	20	10	5	2	1	50	20	10	5	2	1	
273,54 €		1x		1x	1x				3x		2x	1x		1x	2x	x
119,68 €				2x		1x	1x	(2x)		1x		(1x)	1x	1x	1x	
203,04 €			2x					1x	1x					2x		x
73,09 €				1x		2x			3x					4x	1x	x
17,17 €						1x	1x	1x				1x	1x	1x		x
314,98 €		1x	(1x)				2x	2x		(1x)	2x		(1x)	1x	1x	
1007,47 €	1x	2x	1x				1x		2x		2x			3x	1x	x
999,99 €	(1x)	2x		1x	2x		1x	2x		(1x)	(2x)			4x	1x	

Angaben in Klammern sind erforderliche Berichtigungen.

46

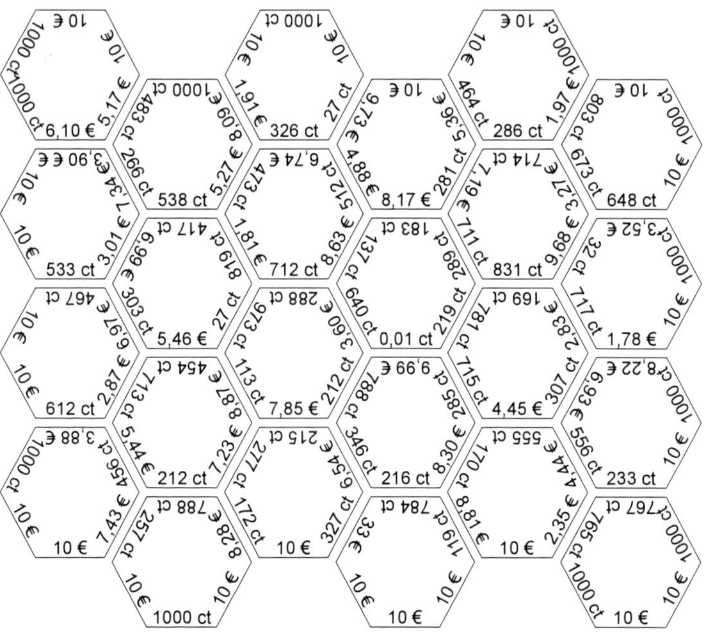

47

1. **a)** Hilkos Wocheneinnahme: 383,24 €
   b) Pauls Wocheneinnahme: 426,22 €
2. **a)** Paul hat mehr Geld eingenommen als Hilko.
   b) Paul hat 42,98 € mehr eingenommen.
   c) Hilkos Spende: 191,62 € Pauls Spende: 213,11 € Spende insgesamt: 404,73 €
   d) Tierschutzbund: 134,91 € Kinderhilfswerk: 269,82 €

Mit Maßeinheiten rechnen lernen
KOHL VERLAG

48 **1.** 10. Geburtstag: 10,24 € 21. Geburtstag: 20.971,52 €

49 **1.** **a)** 240,20; **b)** 702,11; **c)** 99,17; **d)** 2840,90; **e)** 9,45; **f)** 11.571,12; **g)** 4001,90; **h)** 207,14

2. **a)** 67,86; **b)** 203,67; **c)** 677,95; **d)** 3000,61; **e)** 730,02; **f)** 23.498,01; **g)** 499,96; **h)** 9003,91

51 **1.** **a)** Clubhotel Amigo: 1329 € + 1329 € + 699 € + 489 € + 100 € = 3946 €
b) Clubhotel Julio: 1179 € + 1179 € + 629 € + 100 € = 3716 €
c) Die Familie wird wohl im Clubhotel Julio buchen.

52 **2.** **a)** Keine Lösung; **b)** keine Lösung; **c)** 50 x 50 Cent und 250 x 10 Cent; **d)** 216 cm / 27 Minuten; **e)** 67,50 € + 111,60 € = 179,10 €; **f)** 21,50; **g)** 50 ct und 2 x 20 ct; **h)** 16 x 50 ct und 40 x 20 ct
i) Max wird sich wohl 4x 2 €-Münzen nehmen, da er so 8 €, die höchste Summe mit vier Münzen, erhält.
j) 1 x 1 ct, 1 x 2 ct, 1 x 5 ct, 1 x 10 ct = insgesamt 18 ct; **k)** Mögliche Lösungen: 6x 1 €, 4x 50 ct, 1x 20 ct / 7x 1 €, 2x 50 ct, 2x 10 ct

3. Es liegen 888,88 Euro auf dem Küchentisch.

Zeit

54 **1.** **Von links nach rechts:** richtig, falsch, falsch, richtig, falsch, richtig, falsch, falsch, falsch, richtig, falsch, falsch, richtig, falsch, falsch, richtig, falsch, falsch

55

4:00 – 7:30 – 8:15 – 23:30 – 9:00 – 1:45 – 13:10 – 0:05 – 22:40

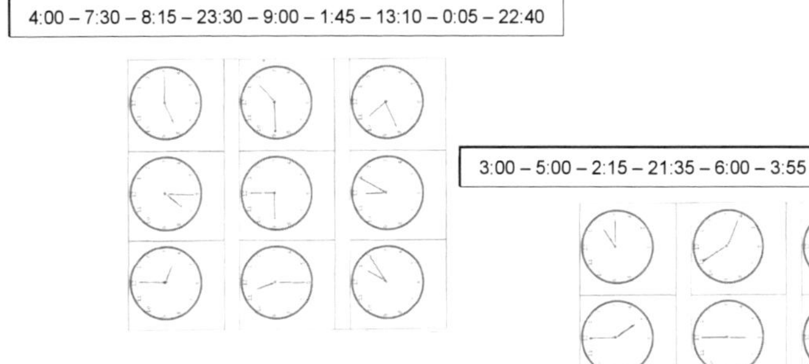

3:00 – 5:00 – 2:15 – 21:35 – 6:00 – 3:55 – 20:05 – 0:55 – 24:00

56

X X X X X
X
X X X X X

X X X X X
X
X
X X X X X

X X X X X
X
X X X X X

57 **1.** **1.** 7:30/19:30; **2.** 6:50/18:50; **3.** 9:25/21:25; **4.** 2:10/14:10; **5.** 4:05/16:05; **6.** 7:00/19:00; **7.** 6:35/18:35; **8.** 8:10/20:10; **9.** 7:40/19:40; **10.** 2:55/14:55; **11.** 6:25/18:25; **12.** 3:45/15:45; **13.** 4:30/16:30; **14.** 00:35/12:35; **15.** 8:55/20:55; **16.** 4:00/16:00; **17.** 7:45/19:45; **18.** 11:35/23:35

59 **2.** **a)** 2; **b)** 6; **c)** 420; **d)** 2 160; **e)** 165; **f)** 756

3. **a)** 210; **b)** 375; **c)** 285; **d)** 165; **e)** 510; **f)** 570

4. **a)** 15; **b)** 58; **c)** 26; **d)** 2; **e)** 45; **f)** 36; **g)** 15; **h)** 55; **i)** 13; **j)** 50; **k)** 5; **l)** 40

5. **a)** 65; **b)** 118; **c)** 257; **d)** 81; **e)** 157; **f)** 345

6. **a)** 7:45; **b)** 13:02; **c)** 20:59; **d)** 9:38; **e)** 13:05; **f)** 19:26

7. **Gleiche Paare:** 1 Jahr/12 Mon.; ½ Jahr/6 Mon.; 1 Mon./30 Tage; 2 Wochen/14 Tage; ¼ Jahr/3 Mon.; 1 Schaltjahr/366 Tage; 2 Mon./60 Tage; 3 Wochen/21 Tage; 36 Mon./3 Jahre; 90 Tage/¼ Jahr

8. **a)** 365 Tage; **b)** 120 Tage; **c)** 60 Tage; **d)** 21 Tage; **e)** 14 Tage; **f)** 7 Tage

9. 1952 – 1924 – 1980 – 2000 – 1996 – 1956 – 2004 – 1928

10. **a)** 1 J 338 d; **b)** 2 J 166 d; **c)** 3 J 105 d; **d)** 1 J 65 d; **e)** 1 J 233 d; **f)** 2 J

11. **a)** 2 d 10 h; **b)** 14 d 9 h; **c)** 12 d 21 h; **d)** 42 d 1 h; **e)** 32 d 20 h; **f)** 50 d 0 h

12. **a)** 89 d; **b)** 148 d; **c)** 185 d; **d)** 60 d; **e)** 277 d; **f)** 275 d

13. Es sind insgesamt 1056 Stunden. Rechnest du nur die Stunden in Tage um, gehst du insgesamt 44 Tage in die Schule.

Die Lösungen

60

1. Waagerecht: **1)** 641; **3)** 355; **5)** 535; **6)** 975; **8)** 723; **10)** 343; **12)** 234; **14)** 465; **15)** 257; **16)** 711
Senkrecht: **1)** 659; **2)** 155; **3)** 357; **4)** 523; **7)** 744; **9)** 223; **10)** 382; **11)** 347; **12)** 257; **13)** 411

61

1. **a)** 26 h = 1170 min; **b)** 180 min; **c)** 160 min; **d)** 315 min

2. individuelle Lösungen

3. **a)** 5:53 Uhr, ICE 796 „Saphir", Ankunft in Hamburg: 10:56 Uhr
b) 5:57 Uhr, Sonntags fährt der Zug nicht
c) 6:27 Uhr, Ankunft 8:11 Uhr, Fahrtdauer 104 min oder 6:35 Uhr, Ankunft 9:10 Uhr, Fahrtdauer 155 min oder 9:17 Uhr, Ankunft 11:01 Uhr, Fahrtdauer 104 min

4. **a)** Der EC fährt von 6:00 bis 8:00 (131 min). Der IR fährt von 9:17 bis 11:35 (138 min). Der Zeitunterschied beträgt 7 Minuten.
b) Sie muss um 10:55 h losgehen.
c) ICE: 7 h 40 min; Flugzeug: 4 h; PKW: 11 h 15 min
d) 17:05 Uhr; Fahrtdauer: 10 h 23 min
e) Der EC 111 kommt um 13:42 Uhr in Klagenfurt an. Der D 481 kommt um 10:52 Uhr in Singen an.

5. *(von oben nach unten)* Ankunftszeit: 9:10 Uhr, 12:31 Uhr, 10:45 Uhr, 9:39 Uhr
Ort: Augsburg, Rosenheim, Augsburg, Hannover

6.

Abfahrt Stuttgart	5:57	6:53	8:53	9:17	**9:11**	**6:42**
Ankunft Zielort	9:29	10:39	**12:03**	**13:40**	14:14	16:45
Fahrdauer	**3 h 32 min (212 min)**	**3 h 46 min (226 min)**	190 min (3 h 10 min)	263 min (4 h 23 min)	**5 h 3 min (303 min)**	**10 h 3 min (603 min)**
Zielort	**Köln**	**Hannover**	**Göttingen**	**Salzburg**	Münster	Genua

7. **a)** 14:55 Uhr + 4 h 25 min = 19:20 Uhr 19:20 Uhr + 34 min = 19:54 Uhr
Sie würden planmäßig um 19:54 Uhr in Rom ankommen.
b) Nein, sie erreichen den Zug nicht. Der nächste Zug nach Chaisso fährt in Stuttgart erst um 8:42 Uhr ab und kommt erst um 15:38 Uhr in Chiasso an.
c) Ja, sie würden um 11:56 Uhr in Hamburg ankommen.

62

1. **Oben links innere Reihe:** Start, 6 h 10 min, 370 min, 7 h 8 min, 428 min, 17 h 3 min, 1026 min, 11 h 15 min, 675 min, 20 h 3 min, 1203 min, 4 h 26 min, 266 min, 12 h 8 mm, 728 min, 18 h, 1080 min, 1 h, 60 min, 10 h 16 min, 616 min, 3 h 3 min, 183 min, 15 h, 900 min, 13 h 5 min, 785 min, 9 h 13 min, 553 min, 6 h 60 min, 420 min, 16 h 16 min, 976 min
Oben links äußere Reihe: 2 h 3 min, 123 min, 5 h 50 min, 350 min, 10 h 1 min, 601 min, 8 h 39 min, 519 min, 1 h 50 min, 110 min, 2 h 11 min, 131 min, 2 h 17 min, 137 min, 6 h 1 min, 361 min, 9 h 24 min, 564 min, 7 h 49 min, 469 min, 9 h 42 min, 582 min, 8 h 18 min, 498 min, 4 h 4 min, 244 min, 7 h 7 min, 427 min, ½ h, 30 min, 10 h 10 min, 610 min, Ende

63

1. **Beantwortbare Fragen:** a), d), g)

2. individuelle Lösung

3. **a)** 15 min; **b)** keine Lösung; **c)** 10,50 € / 42,00 €; **d)** keine Lösung; **e)** 156; **f)** 8 h 9 min; **g)** 37 h 30 min; **h)** 40; **i)** 760; **j)** 21 km; **k)** 19,5 Std.; **l)** Mama und Papa schlafen gleich lang, Tina schläft am längsten. **m)** 6:30 + 15 min Bad + 9 min Frühstück = 6:54 Uhr ➔ 38 min Busfahrt ➔ Ankunft 7:32 + 8 min zum Klassenzimmer laufen ➔ 7:45 Mathearbeit; **n)** Timo: 48 sek; Miriam: 2 min 24 sek

64

1. **a)** 4½ min; **b)** Maja: 1 min 35 sek; Max: 47,5 sek; Lisa: 47,5 sek; **c)** Beide waren je 35 min unterwegs. **d)** 45 km/h; **e)** 144 Monate/72 Monate; **f)** 23 Jahre/2551 + heutige Jahreszahl; **g)** 24 Monate; **h)** Nein, es waren 17.352 Einwohner. / Ja.

Die Lösungen

Miniprojekte Wasser, Auto, Rekorde, Tiere

65

2. **a)** 5864 m^3; **b)** 8209,60 €; **c)** 5.864.000 L / 0,0014 € = 0,14 ct; **d)** Duschbad: 0,11 €, Vollbad: 0,22 €
6. **Von oben nach unten:** 108, 400, 30, 100, 900, 40, 320, 780
7. **a)** 910 L; **b)** 47.450 L; **c)** 520 L; **d)** 3640 L
8. **a)** 7300 L; **b)** 7,3 m^3; **c)** 10,22 €; **d)** 20 Stück; **e)** 9733 Flaschen
9. **a)** 20 L; **b)** 40 L; **c)** 1 800 L; **d)** 2,52 €; **e)** 450 L
10. 1. Sohn: 3 volle, 1 halbvolles, 3 leere; 2. Sohn: 2 volle, 3 halbvolle, 2 leere; 3. Sohn: 2 volle, 3 halbvolle, 2 leere
12. **Von oben nach unten:** 2 l/d; 2,4 l/d; 2,8 l/d; 3,2 l/d; 3,6 l/d; 4 l/d
13. **Zusammengehörende Paare:** A - 2; B - 5; C - 1; D - 4; E - 3
14. **a)** 3,5 l; **b)** 16 l Wasser zum Abspülen

66

1. **a)** 40.240; **b)** 16.240; **c)** 33.833; **d)** 5238; **e)** 436,50; **f)** 774,83
2. **a)** 28; **b)** 12.525 / 15.000 / 57.525; **c)** 15.000 und 30.000 / 3600
3. **a)** 10; **b)** 22:30; **c)** 6:45; **d)** 14:40; **e)** 23:40; **f)** 0:30; **g)** 8:00
4. Länge: 4 152 mm; Breite: 1 735 mm; Höhe: 1 423 mm; Radstand vorne: 1 513 mm; seitlicher Radstand: 2 512 mm
5. Länge: 4,152 m; Breite: 1,735 m; Höhe: 1,423 m; Radstand vorne: 1,513 m; seitlicher Radstand: 2,512 m
6. **a)** 4. PKW; **b)** 90 min; **c)** 30 min; **d)** 120 min; **e)** 2,50 €
7. Der Fahrer des Wagens riskiert einen Strafzettel, da er schon 10 Minuten länger als erlaubt dort parkt.
8. **a)** 604; **b)** 399; **c)** 611; **d)** 854
9. **a)** 1078; **b)** 1059; **c)** 427; **d)** Koblenz - Bonn, Köln - Aachen; Köln - Bochum; Köln - Bonn; Köln - Dortmund; Köln - Duisburg; Köln - Düsseldorf; Köln - Essen; Konstanz - Friedrichshafen; Leipzig - Chemnitz; Magdeburg - Braunschweig; München - Augsburg; Potsdam - Berlin; Ulm - Augsburg; Wiesbaden - Frankfurt/Main; Wuppertal - Bochum; Wuppertal - Bonn; Wuppertal - Dortmund; Wuppertal - Duisburg; Wuppertal - Düsseldorf; Wuppertal - Essen
10. **a)** Flensburg; **b)** Passau; **c)** Regensburg
11. **a)** 6-7, 7-8, 8-9, 15-16; **b)** 10-11
13. **Von links nach rechts:** 127,5 cm, 414 cm, 1 105 cm, 1 305 cm, 1 740 cm

67

1. **a)** 15,24; **b)** 6 825; **c)** 5,7; **d)** 12,21; **e)** 450; **f)** 20,28; **g)** 1,12; **h)** 30,8; **i)** 1,88; **j)** 8 h; **k)** Mozart; **l)** I. Afrika, Asien, Amerika, Australien, Europa; II. 212,5; **m)** 528 mm / 52,8 cm; **n)** 3,43 m - 6,20 m - 1,85 m; **o)** 750,9 cm / 7,5 m; **p)** 39 000; **q)** individuelle Lösungen; **r)** 8,184 kg - 2 601,3 cm^3; **s)** nein: 9 570 km

68

1. **a)** 74,88; **b)** nein; **c)** ja - 54,88
2. **a)** 100 cm / 50 cm; **b)** 4,50 / 3,25 - 7,75; **c)** 5,00; **d)** 1; **e)** 13,75
3. 480.000 - 3 - 2400 - 120.000
4. mindestens 19 – 1625 – 130 – 32,5 – 24 h – 8 – 247.000
5. 3000 – 27 t / 27.000 kg – 2000 kg / 66,67 kg – 31,5 kg – individuelle Lösung
6. 20 g – 20.000 g / 20 kg – 10
7. 5 t – 80 t
8. 1,20 m – 300 cm – 600 mm – 180 cm
9. 64.000 – 448.000
10. 8 (aber nur 7 kann sie auch säugen) – 28,5 – 2 – 300

Mit Maßeinheiten rechnen lernen
Mathe ganz praktisch – Bestell-Nr. 19 043

Klasse

1
2
3
4

Mathematik

Hrsg. Autorenteam Kohl-Verlag

Logikrätsel Mathematik

__30 pfiffige Logicals__ im Fachbereich Mathematik. Auf angenehme Weise beschäftigen sich die Schüler mit wichtigen Inhalten und wiederholen und festigen, ohne sich dessen wirklich bewusst zu sein. Logikrätsel erhöhen die geistige Fitness. Sie sind ein ideales Training für den Kopf, erhöhen die Konzentration und machen einfach nur Spaß!

BF

3
4

40 S.				PDF-Schullizenz
	Buch	11 087	13,80 €	
	PDF	P11 087	10,99 €	44,- €

Andrea Schinhärl

Der innovative Dyskalkulietrainer

Schnelle Soforthilfe bei Dyskalkulie

NEU

Die Übungseinheiten widmen sich den größten Problemfeldern des Rechnens. Ein Abschlusstest reflektiert das Gelernte. Die Kopiervorlagen sind auch zum häuslichen Üben oder für Trainingseinheiten im Regelunterricht geeignet.

NEU: Der __Band 2__ ist die konsequente Fortführung mit vielen neuen praxiserprobten Übungen.

76/88 Seiten

FÖ
INK

Band 1	Buch	10 870	18,80 €
	PDF	P10 870	14,99 €
Band 2	Buch	12 313	20,80 €
	PDF	P12 313	16,49 €

PDF-Schullizenz (je Band) 60,- / 66,- €

1
2
3
4

Gisela Ruthenberg

Richtig rechnen Rechenstörungen effektiv behandeln

Die Kopiervorlagen sind in einen vorschulischen und einen schulischen Bereich aufgeteilt. So lassen sich Rechenschwächen früh erkennen und behandeln. Diese Kopiervorlagen sind sinnvolles Ergänzungs- und Übungsmaterial zum Mathematikbuch und können auch als elementare Frühförderung bei Rechenproblemen eingesetzt werden.

92 Seiten				PDF-Schullizenz
	Buch	11 188	18,80 €	
	PDF	P11 188	14,99 €	60,- €

FÖ
INK

1
2
3
4

Andrea Schinhärl

Lernzielkontrollen Mathe

Die Kopiervorlagen sind ideal geeignet zur __Vorbereitung__, __Wiederholung__ und __Vertiefung__ oder zum __intensiven Üben__ der relevanten mathematischen Bereiche des Lehrplans. Aus den einzelnen Aufgabentypen lassen sich __auch leicht individuell zusammengestellte Arbeitsblätter gestalten__. Mit grundlegenden mathematischen Infos zu Beginn jedes Bandes und Lösungen zur Selbstkontrolle.

3
4

je 72 Seiten

Klasse							PDF-Schullizenz (je Band)
3	Buch	11 468	18,80 €	PDF	P11 468	14,99 €	
4	Buch	11 475	18,80 €	PDF	P11 475	14,99 €	60,- €

Birgit Brandenburg

Bildungsstandard Mathe

Was 10-Jährige wissen & können sollten!

__32 Tests__ zu allen wichtigen Themen. Die Aufgaben können weitgehend __selbstständig bearbeitet werden__. Anhand der Ergebnisse lässt sich gezielt feststellen, in welchen Bereichen der betreffende Schüler noch Defizite vorweist, um ihn dort anschließend gezielt fördern zu können.

48 Seiten				PDF-Schullizenz
	Buch	10 757	14,80 €	
	PDF	P10 757	11,99 €	48,- €

4

Armin Weinfurter

Fit für Klasse Fünf! MATHEMATIK

Trainer für den Übertritt in die weiterführende Schule

Der Übertrittstrainer eignet sich sehr gut, den behandelten Lernstoff zu wiederholen und zu festigen. Hierzu zählt z.B. lesen, schreiben, vergleichen, runden und ordnen von großen Zahlen, Kopfrechnen, schriftliche Rechenverfahren, Sachaufgaben, Geometrie u.v.m.

76 Seiten				PDF-Schullizenz
	Buch	10 993	17,80 €	
	PDF	P10 993	14,49 €	58,- €

FÖ

4

P. Smith & B. Owen

Brüche entdecken Erkennen, umwandeln & berechne

Was ist der Bruchteil eines Ganzen und wie geht man mit solchen Größe rechnerisch um? Wie hängen Brüche und Prozentangaben zusammen u was hat die Dezimalschreibweise damit zu tun? Wie lassen sich die Grundr chenarten mit Brüchen durchführen? Hier ist spielerisches Übungsmateri mit dem schnell Sicherheit im Umgang mit Brüchen erlernt werden kann.

40 Seiten FARBIG				PDF-Schullizenz
	Buch	15 036	21,80 €	
	PDF	P15 036	17,49 €	70,- €

FÖ

Gary M. Forester

Größen entdecken Wie viel, wie schwer, wie lang?

Puzzle, Domino, Memory, Zuordnungen ... sind nur einige der Materialien, n denen die Größenbereiche „Längen, Gewichte und Rauminhalte" erfahrb gemacht werden können. Das Umrechnen in größere oder kleinere Einheit ist nur einer der zahlreichen Bereiche im Umgang mit Größen, die den Sch lern durch dieses spielerische Material näher gebracht werden können.

40 Seiten FARBIG				PDF-Schullizenz
	Buch	15 004	16,80 €	
	PDF	P15 004	13,49 €	54,- €

FÖ
INK

P. Smith & B. Owen

Leben mit Geld Im Alltag erfolgreich wirtschaften

Manchen Kindern fällt es schwer, sich Geldwerte begreiflich zu machen. H wird durch alltagsbezogene und vielfältige spielerische Übungen ein altersg rechter Bezug zwischen Scheinen und Münzen und deren Wertigkeit mit u terschiedlichen methodischen Ansätzen vermittelt und eingeübt. Preis, Kost und Nutzen kommen zur Sprache.

48 Seiten FARBIG				PDF-Schullizenz
	Buch	15 022	19,80 €	
	PDF	P15 022	15,99 €	64,- €

FÖ

Birgit Brandenburg

Rechnen mit Geld Mathe ganz praktisch

Anhand abwechslungsreicher Aufgaben wird der tägliche Umgang mit Ge nachempfunden! Es werden Additions-, Subtraktions- und diverse weiterführe de Aufgaben aus der Lebenswirklichkeit der Schüler bearbeitet.

40 Seiten				PDF-Schullizenz
	Buch	10 725	14,80 €	
	PDF	P10 725	11,99 €	48,- €

Jörg Krampe & Rolf Mittelmann

Runden & Überschlagsrechnen

Jeder Lerninhalt ist in vier Schwierigkeitsstufen aufbereitet. Die Übungen zu Runden enthalten jeweils maximal 20 Aufgaben, die Übungen zur Überschlag rechnung nur 6-9 Aufgaben. Jedes Übungsblatt enthält eine Anleitung mit B spiel.

64 Seiten				PDF-Schullizenz
	Buch	11 667	16,80 €	
	PDF	P11 667	13,49 €	54,- €

FÖ
INK

Peter Botschen

Mathematische Zaubereien

Von der Altersvorhersage bis hin zu mystischen Zahlenquadraten enthält die Sammlung auch Kunststücke ohne Mathe, die sich ideal für die nächsten P jekttage, Vertretungsstunden, Feiern oder die Aufführung auf der Schulbüh eignen.

32 Seiten				PDF-Schullizenz
	Buch	11 029	9,90 €	
	PDF	P11 029	7,99 €	32,- €

Hans-J. Schmidt

Klassenarbeiten Mathe

Seite kopieren, Aufgaben ausschneiden, in die Vorlagenhülle einlegen, in Kla senstärke kopieren – fertig! So entstehen ganz schnell individuell zusamme gestellte Tests und Arbeiten in hoher Qualität. __Je Band 270 Aufgaben.__

je 72 Seiten

Klasse							PDF-Schullizenz (je Band)
3	Buch	11 329	17,80 €	PDF	P11 329	14,49 €	
4	Buch	11 297	17,80 €	PDF	P11 297	14,49 €	58,- €

Geometrie

Kevin Koch, Bernhard Hartl & Laszlo Wenzl

Bausteine der Geometrie

Geometrisches Grundverständnis entwickeln

NE
ab F

Das Bearbeiten von geometrischen Sachverhalten ist schwi rig, aber eine sehr interessante Arbeit! Bereits früh wird d Grundstock gelegt, eine räumliche Vorstellung zu erwerb und auf verschiedene Aufgabenstellung zu übertragen. Hier le nen Schüler spielerisch diesen Umgang und bauen dabei ih geometrischen Kompetenzen schrittweise auf, um schließli sowohl handelnd (enaktiv), als auch zeichnerisch (symbolisc ausgewählte Aufgaben zu Flächen und Volumina zu löse Das Hauptaugenmerk liegt dabei nicht auf das Rechnen n verschiedenen Formeln, sondern vielmehr auf das Verstehe und das Durchdringen von ausgewählten Problemstellungen

80 Seiten				PDF-Schullizenz
	Buch	12 386	19,80 €	
	PDF	P12 386	15,99 €	64,- €